X射线衍射原理与择优取向分析

李涛涛　著

中国原子能出版社

图书在版编目（CIP）数据

X 射线衍射原理与择优取向分析 / 李涛涛著 . —北京 ：
中国原子能出版社，2022.11（2025.3 重印）

ISBN 978-7-5221-2243-4

Ⅰ.①X… Ⅱ.①李… Ⅲ.①X 射线衍射 Ⅳ.①O434.1

中国版本图书馆 CIP 数据核字（2022）第 206005 号

X 射线衍射原理与择优取向分析

出版发行	中国原子能出版社（北京市海淀区阜成路 43 号 100048）
责任编辑	蒋焱兰
特约编辑	蒋远涛 蒋泽迅
装帧设计	百熙广告
责任校对	冯莲凤
责任印制	赵 明
印 刷	北京天恒嘉业印刷有限公司
经 销	全国新华书店
开 本	787 mm×1092 mm 1/16
印 张	12.5
字 数	210 千字
版 次	2022 年 11 月第 1 版 2025 年 3 月第 2 次印刷
书 号	ISBN 978-7-5221-2243-4 定 价 75.00 元

网址：**http：//www. aep. com. cn** E-mail：**atomep123@126. com**
发行电话：**010-68452845** 版权所有 侵权必究

前　言

　　自 1912 年，X 射线衍射问世的 110 年间，X 射线衍射作为一项重要探测手段，在人们认识自然、探索自然方面，特别是凝聚态物理、材料科学、化学化工、地球科学、矿物学、环境科学、考古学等众多方面产生了积极作用。

　　多项涉及 X 射线衍射的工作获得诺贝尔奖，开创性的成果：因发现 X 射线，Wilhelm Conrad Röntgen 获得 1901 年诺贝尔物理学奖；因发现 X 射线衍射，Max Theodor Felix von Laue 获得 1914 年度诺贝尔物理学奖；因在晶体结构方面的杰出贡献，William Henry Bragg 和 William Lawrence Bragg 共享 1915 年度诺贝尔物理学奖；因发现元素的标识 X 射线，Charles Glover Barkla 获得 1917 年度诺贝尔物理学奖；因发现康普顿散射效应，Arthur Holly Compton 获得 1927 年度诺贝尔物理学奖。多项涉及射线晶体学的工作，即在结构解析的测定工作获得诺贝尔奖，开创性成果：因基于 X 射线衍射和电子衍射法的分子结构测定，Petrus（Peter）Josephus Wilhelmus Debye 获得 1936 年度诺贝尔物理学奖；因基于 X 射线衍射法的 DNA 结构解析，James Watson、Francis Crick 和 Maurice Wilkins 共享 1962 年度诺贝尔生理学或医学奖；因基于 X 射线衍射法的蛋白质结构解析，Max Ferdinand Perutz 和 John Cowdery Kendrew 共享 1962 年度诺贝尔化学奖；因基于 X 射线衍射技术的复杂晶体和大分子空间结构分析（维生素 B12），Dorothy Crowfoot Hodgkin 获得 1964 年诺贝尔化学奖；因在晶体结构解析上的卓越贡献（direct methods），Herbert Hauptman 和 Jerome Karle 共享 1985 年诺贝尔化学奖；因基于 X 射线衍射技术的核糖体结构和功能，Venkatraman Ramakrishnan、Thomas Steitz 和 Ada Yonath 共享 2009 年度诺贝尔化学奖。

预想未来，随着对未知领域探测步伐的不断推进，X 射线衍射的研究将进一步推进，很多伟大的发现可能正在路上……

回顾到本书的研究内容，本书从五部分介绍 X 射线衍射：①光学物理和数学部分；②X 射线衍射仪硬件；③布拉格方程；④衍射理论部分，结构因子方程、理想粉末衍射和 Rietveld 精修理论；⑤择优取向分析。通过布拉格方程和结构因子方程，论述 X 射线衍射发生的充要条件；通过 Rietveld 分析，论述 X 射线衍射在微晶形状和织构分析中的应用。

由于作者水平有限，书中难免有疏漏之处，恳请专家和读者批评指正。

作　者

2022 年 10 月于太原

目　　录

第一章　衍射物理

衍射是指波遇到障碍物时偏离原来直线传播的物理现象。

夫琅禾费衍射（以约瑟夫·冯·夫琅禾费命名），又称远场衍射，是波动衍射的一种重要应用。本章从光波衍射的基本理论开始，论述衍射的基本原理，经过逐步近似，推导出夫琅禾费衍射的一般表达式，并介绍夫琅禾费衍射近似下的矩孔衍射、圆孔衍射和单缝衍射。

1.1　光学衍射

1.1.1　衍射基本问题

衍射能使光波及几何阴影区，也能使几何照明区内出现暗纹。这表明衍射通过障碍物后，光强的空间分布既与几何光学的光强不同，也与光自由传播的光强不同，衍射使光强重新分布[1-3]。如图 1.1 所示。

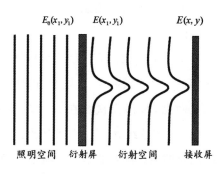

$E_0(x_1, y_1)$　　$E(x_1, y_1)$　　　　$E(x, y)$

照明空间　衍射屏　衍射空间　　接收屏

图 1.1　衍射示意图

导致衍射发生的障碍物称为衍射屏，特征可用复振幅透射系数 $t(x_1, y_1)$

描述：

$$t(x_1, y_1) = A(x_1, y_1) \exp\{i\varphi(x_1, y_1)\} \qquad 1\text{-}1$$

在式 1-1 中，$A(x_1, y_1)$ 表示透射系数的振幅；$\varphi(x_1, y_1)$ 表示透射系数的相位，其中 (x_1, y_1) 是衍射屏上的坐标。

那么，对于照明光场透过衍射屏幕前后的复振幅分布，$E_0(x_1, y_1)$ 和 $E(x_1, y_1)$ 之间的关系：

$$E(x_1, y_1) = E_0(x_1, y_1) t(x_1, y_1) \qquad 1\text{-}2$$

式 1-2 体现了衍射屏对光场的调节作用，应注意最终接收屏上的复振幅与刚透过屏幕的复振幅不同，即

$$E(x_1, y_1) \neq E(x, y) \qquad 1\text{-}3$$

1.1.2 衍射基本原理

1.1.2.1 惠更斯—菲涅尔原理

惠更斯对波在空间中的传播机理提出一种假设，即球面波上每一点（面源）都是一个次级球面波的子波，子波的波速和频率等于初级波的波速和频率，此后每一时刻的子波波面的包络就是该时刻总波动的波面，核心思想是介质中任一处的波动状态由各处波动决定[4-5]。菲涅耳在惠更斯原理的基础上，补充了描述次波的基本特征——相位和振幅的定量表示式，并增加了次波相干叠加的原理，从而发展为惠更斯—菲涅耳原理（见图 1.2）。

惠更斯—菲涅耳原理的内容：

①在波动理论中，波面是一个等相位面。因而可以认为 dS 面上各点所发出的所有次波都有相同的初相位；②次波在 P 点处所引起的振动振幅与 r 成反比，这表明次波是球面波；③从面元 dS 所发次波在 P 处的振幅正比于 dS 的面积，且与倾角 θ 有关，其中 θ 为 dS 的法线 N 与 dS 到 P 点的连线 r 之间的夹角，即从 dS 发出的次波到达 P 点时的振幅随 θ 的增大而减小（倾斜因子）。

因此，为考虑光源 S 所发出的球面波对 P 点的影响，选取 SP 间的波面 Σ'，以表示波面上点发出子波相干叠加而表示 S 点对 P 的作用。

设 Σ' 上任意点 Q 的复振幅为：

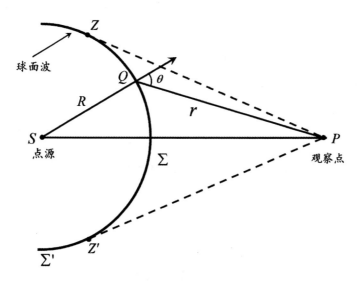

图 1.2 惠更斯—菲涅耳原理示意图

$$E_Q = \frac{A}{R}\exp\{ikR\} \qquad\qquad 1\text{-}4$$

在式 1-4 中，A 表示距离光源 S 单位距离处的振幅，R 表示波面 Σ' 的半径。在 Q 点波面的面元 $d\sigma$ 在 P 点产生的复振幅与 Q 点的复振幅 E_Q、面元大小和倾斜因子 $K(\theta)$ 呈正比，即：

$$dE(P) = CK(\theta)\frac{A\,\mathrm{e}^{ikR}\cdot\mathrm{e}^{ikr}}{R\cdot r}d\sigma \qquad\qquad 1\text{-}5$$

在式 1-5 中，C 表示常数，图 1.2 中 Σ 间波面对 P 点产生的复振幅：

$$E(P) = C\iint_\Sigma E(Q)\frac{\exp(ikr)}{r}K(\theta)d\sigma \qquad\qquad 1\text{-}6$$

对于倾斜因子 $K(\theta)$，当 θ 为 0 时，倾斜因子数值最大，随 θ 增加，倾斜因子逐渐减小。

1.1.2.2 菲涅耳—基尔霍夫衍射公式

式 1-5 的理论推导并不严格，倾斜因子的引入缺乏依据，菲涅尔并没有给出倾斜因子和常数 C 的具体形式。基尔霍夫从波动微分出发[6]，利用格林公式和电磁场边界条件给出了衍射的完整数学表达式：

$$E(P) = \frac{A}{i\lambda} \iint_{\Sigma} \frac{\exp\{ikl\}}{l} \frac{\exp\{ikr\}}{r} \left[\frac{\cos(\boldsymbol{n}, \boldsymbol{r}) - \cos(\boldsymbol{n}, \boldsymbol{l})}{2} \right] d\sigma \qquad 1\text{-}7$$

式 1-6 便是著名的菲涅尔—基尔霍夫公式。

图 1.3 对菲涅尔—基尔霍夫公式进行了解释，光源 S 发出的球面波照射到光孔 Σ 上，l 表示 S 到 Σ 的任一点距离，r 是 Q 到 P 的距离，$(\boldsymbol{n}, \boldsymbol{l})$ 和 $(\boldsymbol{n}, \boldsymbol{r})$ 分别是光孔 Σ 法线 $\boldsymbol{n}$ 与 $\boldsymbol{l}$ 和 $\boldsymbol{r}$ 方向上的夹角。经过基尔霍夫的完善，基尔霍夫—菲涅尔公式给出常数 C、倾斜因子 $K(\theta)$ 的表达式：

$$C = \frac{1}{i\lambda} \qquad 1\text{-}8$$

$$E(Q) = \frac{A\exp\{ikl\}}{l} \qquad 1\text{-}9$$

$$K(\theta) = \frac{\cos(n, r) - \cos(n, l)}{2} \qquad 1\text{-}10$$

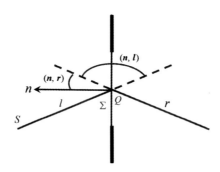

图 1.3　菲涅尔—基尔霍夫公式示意图

当光源距离光孔足够远时，可看作垂直入射到光孔的平面波，此时满足：

$$\cos(\boldsymbol{n}, \boldsymbol{l}) = -1 \qquad 1\text{-}10a$$

$$\cos(\boldsymbol{n}, \boldsymbol{r}) = \cos\theta \qquad 1\text{-}10b$$

那么倾斜因子 $K(\theta)$ 是：

$$K(\theta) = \frac{1 + \cos\theta}{2} \qquad 1\text{-}10c$$

1.1.3　衍射公式的近似

1.1.3.1　小角近似

当光孔屏与接收屏的距离充分大时，可进行如下近似：①因光孔线远远小于两屏间距，这认为倾斜角 θ 接近 0，则其余弦值约等于 1；②QR 间距 r 变化不大，且变化对 P 点的振幅影响不大，近似认为 r 等于两个 z_1，且 r 对相位的影响不可忽略，因此衍射公式可简化为：

$$E(P) = \frac{1}{i\lambda z_1} \iint_{\Sigma} E(Q) \exp\{ikr\} d\sigma \qquad \text{1-11}$$

$$E(P) = \frac{1}{i\lambda z_1} \iint_{\Sigma} \frac{A\exp\{ikl\}}{l} \exp\{ikr\} d\sigma \qquad \text{1-12}$$

其中，$E(Q) = \dfrac{A\exp(ikl)}{l}$ 是光源 S 在光孔 Σ 上的复振幅分布。

1.1.3.2　菲涅耳近似

在小角近似中，复指数 r 被保留，但需进一步处理，如图 1.4 所示，设光孔平面和接收屏上的笛卡儿坐标分别为 (x_1, y_1) 和 (x, y)，则 r 可记为：

$$r = \sqrt{z_1^2 + (x - x_1)^2 + (y - y_1)^2} = z_1 \left[1 + \left(\frac{x - x_1}{z_1}\right)^2 + \left(\frac{y - y_1}{z_1}\right)^2 \right]^{\frac{1}{2}} \qquad \text{1-13}$$

利用广义二项式定理，式 1-13 可展开为：

$$r = z_1 \left\{ 1 + \frac{1}{2} \left[\frac{(x - x_1)^2 + (y - y_1)^2}{z_1^2} \right] - \frac{1}{8} \left[\frac{(x - x_1)^2 + (y - y_1)^2}{z_1^2} \right]^2 + \cdots \right\}$$

$$\text{1-14}$$

如果衍射屏与接收屏间的距离无限大，即 z_1 无限大，以至于式 1-14 中第三项后各项对相位的影响远远小于 π，即：

$$\frac{k}{8z_1^3} [(x - x_1)^2 + (y - y_1)^2]_{\max}^2 \ll \pi \qquad \text{1-15}$$

利用式 1-15，可将 r 的表达式简化为：

$$r = z_1 + \frac{x^2 + y^2}{2z_1} - \frac{xx_1 + yy_1}{z_1} + \frac{x_1^2 + y_1^2}{2z_1} \qquad \text{1-16}$$

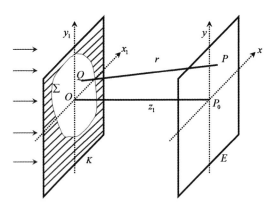

图 1.4 衍射公式示意图

式 1-16 便是菲涅尔近似，基于菲涅尔近似条件下对衍射现象的研究称为菲涅尔衍射。

将式 1-16 带入衍射公式，可得菲涅尔衍射：

$$E(x,y) = \frac{e^{ikz_1}}{i\lambda z_1} \iint_{-\infty}^{\infty} E(x_1,y_1) \exp\left\{\frac{ik}{2z_1}[(x-x_1)^2 + (y-y_1)^2]\right\} dx_1 dy_1$$

1-17

经进一步简化，衍射公式 1-12 可转化菲涅尔衍射的表达式：

$$E(x,y) = \frac{e^{ikz_1}}{i\lambda z_1} \exp\left\{\frac{ikz_1}{2z_1}(x^2+y^2)\right\} \iint_{-\infty}^{\infty} E(x_1,y_1) \exp\left\{\frac{ik}{2z_1}(x_1^2+y_1^2)\right\}$$

$$\exp\left\{-2\pi\left(\frac{xx_1}{\lambda z_1} + \frac{yy_1}{\lambda z_1}\right)\right\} dx_1 dy_1$$

1-18

1.1.3.3 夫琅禾费近似

如图 1.5 所示，在菲涅尔近似的基础上，如果衍射屏与接收屏的距离进一步增大，则可获得更进一步的近似。菲涅尔近似公式 1-16 中的第四项取决于光孔线度与两屏间距 z_1 的大小，当 z_1 足够大时，以至于第四项对相位的影响远小于 π 时，即：

$$k\frac{(x_1^2+y_1^2)_{\max}}{2z_1} \ll \pi$$

1-19

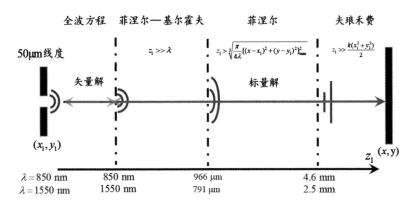

图 1.5　衍射近似示意图

则 r 的表达式可简化为：

$$r = z_1 + \frac{x^2 + y^2}{2z_1} - \frac{xx_1 + yy_1}{z_1}$$

1-20

式 1-20 所示的近似就是夫琅禾费近似，在琅和费近似条件下对衍射现象的研究称为夫琅禾费衍射[6]。

之所以观察范围 (x, y) 的项不能忽略，是因为随着衍射屏与接收屏间距 z_1 的增大，衍射光波的考察范围也随之增大，将式 1-20 带入衍射公式可得夫琅禾费衍射得表达式：

$$U(x, y) = \frac{eikz_1}{i\lambda z_1} \exp\{\frac{ik}{2z_1}(x^2 + y^2)\} \iint_{-\infty}^{\infty} E(x_1, y_1)$$

1-21

$$\exp\{-i2\pi(x_1 \frac{x}{\lambda z_1} + y_1 \frac{y}{\lambda z_1})\} dx_1 dy_1$$

综上所述，夫琅禾费近似是菲涅尔近似的进一步近似，适用于菲涅尔衍射的公式可适用于夫琅禾费衍射，反之则不然。

1.2　夫琅禾费衍射

在夫琅禾费近似条件下，如果衍射屏与接收屏的距离 z_1 相当大，在严格要求平行光的条件下，实验装置如 1.6 所示。

此时，衍射屏到接收屏的距离 z_1 等于焦距，即 $z_1 = f$，则衍射公式可转

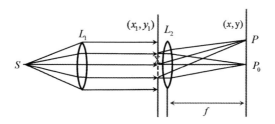

图 1.6 夫琅禾费衍射示意图

化为：

$$E(x，y) = \frac{1}{i\lambda f}\exp\{ik(f + \frac{x^2 + y^2}{2f})\}\iint_{\Sigma} E(x_1，y_1)$$

$$\exp\{-\frac{ik}{f}(xx_1 + yy_1)\}\mathrm{d}x_1\mathrm{d}y_1$$ 　1-22

先查看：

$$\exp\{ik(f + \frac{x^2 + y^2}{2f})\}$$ 　1-23

在菲涅尔近似条件下，衍射屏光孔坐标 C 与接收屏 P 点的距离为：

$$r \approx f + \frac{x^2 + y^2}{2f}$$ 　1-24

式 1-24 表示 C 点处的子波源发出的子波在 P 点的相位，另一部分是：

$$\exp\{-\frac{ik}{f}(xx_1 + yy_1)\}$$ 　1-25

其幅角（式 1-25）表示光孔内任一点 Q 和 C 点发出的子波达到 P 点处的相位差。

$$k\,\frac{(xx_1 + yy_1)}{f}$$ 　1-26

为分析该相位差，分别做由 C 点和 Q 点到 P 点的路径，如图 1.7 所示，在 CI 上取一点 H，使两路径的光程差为 CH，即：

$$\Delta = CH = CIP - QJP$$ 　1-27

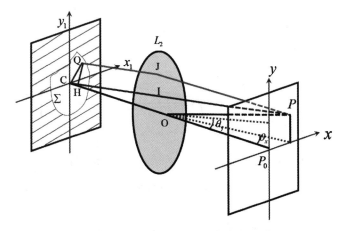

图 1.7　夫琅禾费衍射示意图

利用方向余弦关系：

$$\sin\theta_x = \frac{x}{r} \approx \frac{x}{f} \qquad\qquad 1\text{-}28$$

$$\sin\theta_y = \frac{y}{r} \approx \frac{y}{f} \qquad\qquad 1\text{-}29$$

在式 1-28 和式 1-29 中，θ_x 和 θ_y 分别表示 CI 和 x_1 和 y_1 的夹角，也成为二维散射角。

$$\Delta = CH = \boldsymbol{q} \cdot \boldsymbol{CQ} = x_1\sin\theta_x + y_1\sin\theta_y = \frac{xx_1 + yy_1}{f} \qquad\qquad 1\text{-}30$$

设 $\boldsymbol{q}$ 是 CI 方向上的单位矢量，根据式 1-30 所示的几何关系，相位差即：

$$\delta = k\Delta = k\frac{xx_1 + yy_1}{f} \qquad\qquad 1\text{-}31$$

综上所述，在夫琅禾费衍射条件下，透镜后焦面上的衍射分布可归纳为：

$$U(x,y) = \frac{1}{i\lambda f}\exp\{ik(f + \frac{x^2 + y^2}{2f})\}\iint_\Sigma E(x_1,y_1)$$

$$\exp\{-ik\frac{xx_1 + yy_1}{f}\}\mathrm{d}x_1\mathrm{d}y_1 \qquad\qquad 1\text{-}32$$

1.2.1　夫琅禾费矩孔衍射

对于夫琅禾费矩孔衍射，首先假设矩孔横向宽度为 a，纵向宽度为 b，如

图 1.8。

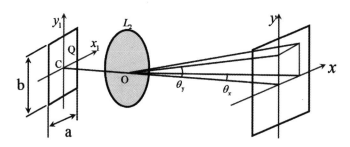

图 1.8 矩孔衍射示意图

为描述方便，先做如下整合：

$$C' = \frac{E(x_1, y_1)}{i\lambda f}e^{ikf} \qquad\qquad 1\text{-}33$$

$$l = \sin\theta_x \approx \frac{x}{f} \qquad\qquad 1\text{-}34$$

$$w = \sin\theta_y \approx \frac{y}{f} \qquad\qquad 1\text{-}35$$

为方便地表示夫琅禾费衍射条件下的矩孔衍射，将式 1-31～式 1-35 整合后，接收屏上的复振幅分布为：

$$U(x, y) = C'\exp\left\{ik\frac{x^2+y^2}{2f}\right\}\int_{-\frac{a}{2}}^{\frac{a}{2}}\exp\{-ikl x_1\}\mathrm{d}x_1\int_{-\frac{b}{2}}^{\frac{b}{2}}\exp\{-ikw y_1\}\mathrm{d}y_1$$

$$= C'ab\,\frac{\sin\dfrac{kla}{2}}{\dfrac{kla}{2}}\frac{\sin\dfrac{kwb}{2}}{\dfrac{kwb}{2}}\exp\left\{ik\frac{x^2+y^2}{2f}\right\}$$

公式 1-36

为计算光通过矩形孔后，接收屏上的强度分布，式 1-36 还需进一步简化，考虑 P_0 点的复数振幅分布如：

$$U_0 = C'ab \qquad\qquad 1\text{-}37$$

P_0 点的光强为：

$$I_0 = |U_0|^2 \qquad\qquad 1\text{-}38$$

结合式 1-39 和式 1-40：

$$\alpha = \frac{kla}{2} = \frac{\pi\alpha}{\lambda}\sin\theta_x \qquad\qquad 1\text{-}39$$

$$\beta = \frac{kwb}{2} = \frac{\pi\alpha}{\lambda}\sin\theta_x \qquad\qquad 1\text{-}40$$

可获得接收屏上任一点 P 的强度分布：

$$I = I_0 \left(\frac{\sin\alpha}{\alpha}\right)^2 \left(\frac{\sin\beta}{\beta}\right)^2 \qquad\qquad 1\text{-}41$$

式 1-41 是夫琅禾费近似条件下矩孔衍射的强度分布公式。

接下来，查看 x 轴和 y 轴上的光强分布，先单独查看 x 轴，则光强分布为：

$$I = I_0 \left(\frac{\sin\alpha}{\alpha}\right)^2 \qquad\qquad 1\text{-}42$$

式 1-42 的函数图像如图 1.9 所示。图像中包含很多极大值，但极大值逐渐降低，在 α 为 0 时，函数是主极大，此时 $I = I_0$；图像中也包含很多极小值点，分布在当 α 为 π 的整数倍；每相邻两极小值点也存在极大值，称为次级大，可由式 1-42 的微分得到，即当 tanα 等于 α 时。

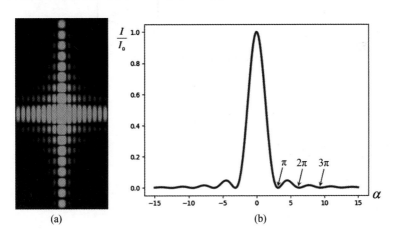

图 1.9 矩孔夫琅禾费衍射示意图（a）和函数曲线图（b）

1.2.2 夫琅禾费圆孔衍射

将衍射屏幕屏上的光孔替换为圆孔，即圆孔衍射，如图 1.10 所示。在夫琅禾费圆孔衍射中，采用极坐标形式描述圆孔较为方便，此时有如下几何关系。

对于衍射屏：

$$x_1 = r_1\cos\psi_1 \ , \ y_1 = r_1\sin\psi_1 \qquad \text{1-43}$$

对于接收屏：

对于观察屏：

$$x = r\cos\psi \ , \ y = r\sin\psi \qquad \text{1-44}$$

对于方向余弦：

对于方向余弦： $\dfrac{x}{f} = \dfrac{r\cos\psi}{f} = \theta\cos\psi \ , \ \dfrac{y}{f} = \dfrac{r\sin\psi}{f} = \theta\sin\psi$ 1-45

在式 1-45 中，θ 表示衍射角，是 OP 和光轴的夹角。

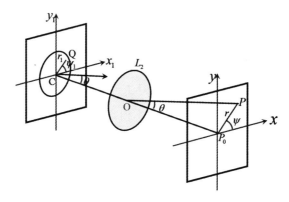

图 1.10　圆孔衍射示意图

基于微分表达式：

$$\mathrm{d}\sigma = r_1\mathrm{d}r_1\mathrm{d}\psi_1 \qquad \text{1-46}$$

可获得光屏上的强度分布：

$$U(r, \ \theta) = C'\int_0^a\int_0^{2\pi}\exp\{-ikr_1\theta(\psi_1 - \psi)\}r_1\mathrm{d}r_1\mathrm{d}\psi_1 \qquad \text{1-47}$$

其中常数项为：

$$\exp\{ik(\frac{x^2 + y^2}{2f})\} \qquad \text{1-48}$$

因式 1-48 项在计算光强时会略去，因此式 1-47 中的常数项可转化为式 1-49：

$$C' = \frac{E(x_1, \ y_1)}{i\lambda f}\exp\{ikf\} \qquad \text{1-49}$$

综合式 1-43～式 1-49 以及式 1-32，可最终获得在夫琅禾费衍射条件下，光透过圆孔衍射后在接收屏上的复振幅分布（式 1-50）：

$$U = \pi a^2 C' \frac{J_1(ka\theta)}{ka\theta} \qquad 1\text{-}50$$

在式 1-50 中，其中 J_1 表示一阶第一类贝塞尔函数，进而可得到光强分布：

$$I = (\pi a^2)^2 |C'|^2 \left[\frac{2J_1(ka\theta)}{\theta} \right]^2 \qquad 1\text{-}51$$

若接收屏坐标原点 P_0 的光强为：

$$I_0 = (\pi a^2)^2 |C'| \qquad 1\text{-}52$$

$$Z = ka\theta \qquad 1\text{-}53$$

经过式 1-52 和式 1-53 所示的简化，在夫琅禾费衍射条件下圆孔衍射在接收屏的光强分布是：

$$I = I_0 \left[\frac{2J_1(Z)}{Z} \right]^2 \qquad 1\text{-}54$$

在夫琅禾费近似条件下，圆孔衍射的分布如图 1.11 所示：当 $Z=0$ 时，接收屏上 P_0 点是中央主极大；当 $J_1(Z)=0$ 时，接收屏上光强存在极小值，每相邻两最小值间存在次极大，满足：

$$\frac{d}{d_Z} \left[\frac{J_1(Z)}{Z} \right] = -\frac{J_2(Z)}{Z} = 0 ，即 J_2(Z) = 0 \qquad 1\text{-}55$$

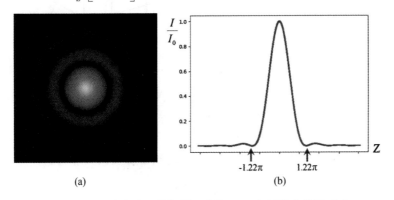

图 1.11　圆孔夫琅禾费衍射示意图（a）和函数曲线图（b）

在公式中，J_2 表示二阶第一类贝塞尔曲线。

艾里斑是点光源通过理想透镜成像时，衍射在交点处形成的光斑，其强度由第一个为零的 Z 决定，根据公式，可得第一个极小值对应 $Z=1.22\pi$，即：

$$Z = \frac{kar_0}{f} = 1.22\pi \rightarrow r_0 = 1.22\frac{f\lambda}{2a} \qquad 1\text{-}56$$

式 1-56 的角半径形式：

$$\theta_0 = \frac{r_0}{f} = \frac{0.61\lambda}{a} \qquad 1\text{-}57$$

对于夫琅禾费圆孔衍射，接收屏幕上光斑的大小与圆孔半径呈反比，与波长呈正比。

1.2.3 夫琅禾费单缝衍射

单缝衍射是矩形衍射的一种特殊形式，即在某一方向上的宽度远远小于另一方向宽度，即 a≪b，这便是竖缝，如图 1.12 所示。

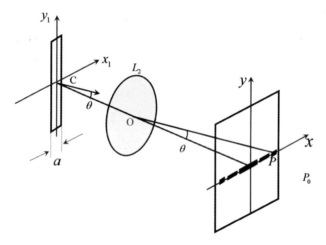

图 1.12 圆孔衍射示意图

在矩孔衍射中，相关的细节已详叙，单缝衍射强度的分布为：

$$I = I_0 \left(\frac{\sin\alpha}{\alpha} \right)^2 \qquad 1\text{-}58$$

$$\left(\frac{\sin\alpha}{\alpha} \right)^2 \qquad 1\text{-}59$$

其中，式 1-59 也称为单缝因子。

双缝夫琅禾费衍射和多缝夫琅禾费衍射本质上是单缝夫琅禾费衍射复振幅分布的叠加，可看作是单缝衍射和多缝衍射干涉的结果。

第二章　傅里叶变换与卷积

2.1　基础知识

2.1.1　狄拉克函数和非连续性

本章为后续内容提供一定的数学背景，在运动学衍射理论中涉及各种傅里叶变换，而其中最重要的属性是卷积。描述傅里叶变换，狄拉克函数是一种恰当的选择，因此定义并讨论狄拉克函数有助于更好地使用狄拉克函数。本章中的数学推导并不严谨，仅考虑函数在数学上的表现良好，以便以物理的方式这些函数。当使用狄拉克函数等不连续函数时，可利用这些不连续函数，当希望函数表述实际情况时，可利用具有近似意义的连续函数。

如定义式 2.1，在 $x=a$ 处的狄拉克函数，即当 $x=a$ 时，函数值无穷大；当 $x=a$ 时，函数值均为零；函数在定义域内积分的 1。当 $x=0$ 时，狄拉克函数表述为 $\delta(x)$。

$$\delta(x-a)=0 \quad 当\ x \neq a$$
$$\delta(x-a)=\infty \quad 当\ x=a \qquad\qquad 2.1$$
$$\int_{-\infty}^{\infty} \delta(x-a)\mathrm{d}x=1$$

高斯函数（式 2-2a）的极限是狄拉克函数：

$$\delta(x)=\lim_{a \to \infty}\left[a\pi^{-1/2}\exp(-a^2 x^2)\right] \qquad\qquad 2\text{-}2a$$

$$\delta(bx)=\lim_{a \to \infty}\left[a\pi^{-1/2}\exp(-a^2 b^2 x^2)\right]=b^{-1}\delta(x) \qquad\qquad 2\text{-}2b$$

$$\iint \delta(x,\ y)\mathrm{d}x\mathrm{d}y=1 \qquad\qquad 2\text{-}2c$$

当 a 趋于无穷时，高斯函数的积分趋于无穷；当高斯函数的半峰宽 $1/a$ 趋于零，高斯函数的积分面积始终为 1。狄拉克函数可进行方便的积分，其图像形式为尖峰，宽度非常小。加权狄拉克函数 $c \cdot \delta(x)$ 可用作表示积分强度为 c 的尖峰，将狄拉克函数作为一系列函数的极限，可方便地阐明或证明各种推导关系。二维狄拉克函数可定义为 $\delta(x，y)$，其数值在 $x=y=0$ 时无穷大，其他区域均为零。类似，一维和二维狄拉克函数可拓展值任意维度，n 维狄拉克函数 $\delta(r)$ 或 $\delta(r\text{-}a)$，其中 r 和 a 表示 n 维空间中的矢量。在二维空间中，一维狄拉克函数表示线；在三维空间中，二维狄拉克函数表示面。相关论文[7-9] 详细地介绍了狄拉克函数的各种特征，其中式 2-3 是重要的傅里叶变换与狄拉克函数的重要结合。

$$\delta(x) = \int_{-\infty}^{\infty} \exp(2\pi i x y)\mathrm{d}y \qquad 2.3$$

2.1.2 卷积

在一维空间中，两函数 $f(x)$ 和 $g(x)$ 的卷积积分的定义式：

$$C(x) = f(x) * g(x) \equiv \int_{-\infty}^{\infty} f(X)g(x-X)\mathrm{d}X \qquad 2\text{-}4$$

根据变量代换原理，卷积服从交换律（式 2-5）：

$$f(x) * g(x) \equiv \int_{-\infty}^{\infty} f(X)g(x-X)\mathrm{d}X = g(x) * f(x) \qquad 2\text{-}5$$

在二维及多维空间中，可采用矢量形式定义卷积（式 2-6），狄拉克函数也成为恒等算子，如式 2-7 所示，即 $f(x)$ 与狄拉克函数 $\delta(x)$ 的卷积仍是 $f(x)$（式 2-7a）；$f(x)$ 与狄拉克函数 $\delta(x\text{-}a)$ 的卷积是 $f(x\text{-}a)$。

$$f(r) * g(r) = \int f(R)g(r-R)\mathrm{d}R \qquad 2\text{-}6$$

$$f(x) * \delta(x) = f(x) \qquad 2\text{-}7a$$

$$f(x) * \delta(x-a) = f(x-a) \qquad 2\text{-}7b$$

2.1.3 卷积案例

卷积式 2-4 或式 2-6 是科学工作的重要公式，也是衍射的重要基础，同时也是很多复杂理论的重要组成部分。为了清晰地展示卷积，本节简要介绍积分式 2-4，具体而言：函数 $f(X)$ 乘以函数 $g(X)$，函数 $g(X)$ 移动到 $X=x$ 处地原点并反转得到 $g(x\text{-}X)$，$f(X)$ 与 $g(x\text{-}X)$ 的乘积在 X 上积分，绘制为横坐标为 x 的函数，得到两者的卷积函数 $C(x)$，这正是卷积所涉及的过程。

如果采用狭缝探测器来记录光强，如图 2.1 所示，坐标 X 表示棱镜或散射光栅对光的散射角，强度分布表示衍射强度，狭缝的透射函数如式 2-8a 表示，

$$g(x)=0，当 |X| \geqslant a/2$$
$$g(x)=1，当 |X| < a/2$$

2-8a

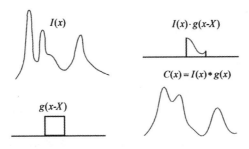

图 2.1 卷积操作示意图

注：入射强度分布函数 $I(x)$ 乘以狭缝透射函数 $g(x\text{-}X)$，以 $X=x$ 为中心，
两函数相乘可获得观察的强度分布函数 $I_{obs}(X)$。

当光透过狭缝时，透射光的强度分布可通过汇总透射函数狭缝来计算，即狭缝宽度为 a 内所有的辐射。当狭缝位于 $X=x$ 时，透过的光强为 $I(x)g(x\text{-}X)$，记录总透射强度，如果绘制总衍射强度与狭缝位置 x 的函数，即可得到观察的衍射强度：

$$I_{obs}=I(x)*g(x)=\int_{-\infty}^{\infty} I(X)g(x-X)\mathrm{d}X$$

2-8b

对于狭缝宽度为 a 变化的 x，谱线尖锐且归一化，如公式 2-8c 所示。

$$I_{obs}=\delta(x)*g(x)=\int_{-\infty}^{\infty} \delta(X)g(x-X)\mathrm{d}X=g(x)$$

2-8c

对任意入射光强分布 $I(x)$，尖锐的光谱或宽谱中各部分均被传递函数 $g(X)$ 所扩展，观察到的衍射强度 I_{obs} 变得不那么尖锐或者分辨率变差。同样，由于相机镜头的缺陷，照片中的模糊现象可用理想图像与特定函数 $g(x,y)$ 的

卷积来描述，对于点光源来说，理想的传递函数应为狄拉克函数（式 2-8d）。

$$I_{obs} = g(x, y) * \delta(x, y) = g(x, y) \qquad \text{2-8d}$$

对任意物体，可认为其是由独立发射的点源构成，理想图像函数为 $I_0(x, y)$，原始物体中每点的光强经传递函数后，散布在一定的强度圆盘中。这些圆盘的重叠会导致图像的模糊以及分辨率的损失（式 2-9），这是传递函数对狄拉克函数扩展的概念，是衍射理论的基础，也可用于测量尖锐电压或电流脉冲的电路特征。

$$I_{obs} = g(x, y) * I_0(x, y) \qquad \text{2-9}$$

惠更斯为卷积提供了很贴切的案例，基于基尔霍夫公式：波前上每点与入射球面波的初始振幅呈正比，进而二次波的振幅叠加可获得观察屏上的强度。因此，原始波前的振幅函数 $q(x, y)$ 被传递函数所扩展，该函数表示波前单点上发射的二次球面波，利用小角近似，卷积公式如式 2-10 所示，其中中括号部分表示点波源的波函数。基于伯恩近似，单散射振幅积分公式如式 2-11 所示，其中 $V(r)\exp\{-2\pi ik_0 r\}$ 表示由势场 $V(r)$ 所修正的入射波函数，这是由点波源引起的振幅，即原点波源的振幅，观察屏上的振幅来自所有点振幅的总和，与点波源散射振幅、入射波振幅与势场函数 $V(r)$ 三者的乘积呈正比。

$$\psi(x, y) = q(x, y) * \left[\frac{i\exp(2\pi iR)}{R\lambda} \exp\left\{ \frac{-2\pi ik(x^2 + y^2)}{2R} \right\} \right] \qquad \text{2-10}$$

$$V(r)\exp(-2\pi i\boldsymbol{k}_0 \cdot \boldsymbol{r}) * \frac{\exp(-2\pi ikr)}{r} \qquad \text{2-11}$$

2.2 傅里叶变换

2.2.1 傅里叶变换的定义式

一维函数 $f(x)$ 傅里叶变换的表达式：

$$\Im[f(x)] \equiv F(u) = \int_{-\infty}^{\infty} f(x)\exp\{2\pi iux\}\mathrm{d}x \qquad \text{2-12}$$

傅里叶逆变换的定义式如式 2-13 所示，在本节指数中均包含 2π，该公约常用于衍射物理中，以避免式 2-12 和式 2-13 中引入其他常数项；如果傅里叶变换在固体物理学中使用，则不引入 2π，而引起其他常数项。在不同学科中，不同的作者可能会使用正负号、常数项以定律傅里叶变换。

$$f(x) = \mathfrak{I}^{-1}\big[\mathfrak{I}[f(x)]\big]$$

$$f(x) = \int_{-\infty}^{\infty} F(u)\exp\{-2\pi iux\}\mathrm{d}u \qquad \text{2-13}$$

对于多维函数，可采用矢量形式定义傅里叶变换（式 2-14），其中 u 表示傅里叶空间中的矢量，在三维空间中，r 可便是为坐标为 xyz 的矢量，u 可表示坐标为 uvw 的矢量。

$$f(\boldsymbol{u}) = \int f(\boldsymbol{r})\exp\{2\pi i\boldsymbol{u}\boldsymbol{\cdot}\boldsymbol{r}\}\mathrm{d}\boldsymbol{r} \qquad \text{2-14}$$

根据矢量内积 $\boldsymbol{u}\boldsymbol{\cdot}r = ux + vy + wz$，三维空间中的傅里叶变换以及逆变换如式 2-15 所示，由基尔霍夫定律推导出来的散射振幅，可用傅里叶变换可获得二维形式的傅里叶变换，通常称之为倒易空间，这是理解衍射效应的最常用方法。

$$F(u,\ v,\ w) = \iiint_{-\infty}^{\infty} f(x,\ y,\ z)\exp\{2\pi i(ux + vy + wz)\}\mathrm{d}x\,\mathrm{d}y\,\mathrm{d}z \quad \text{2-15}$$

$$f(x,\ y,\ z) = \iiint_{-\infty}^{\infty} F(u,\ v,\ w)\exp\{-2\pi i(ux + vy + wz)\}\mathrm{d}u\,\mathrm{d}v\,\mathrm{d}w$$

$$\text{2-15b}$$

2.2.2 傅里叶变换特征

根据欧拉公式，e 指数形式可转变为正弦函数与余弦函数的加和，因此傅里叶变换公式可转变为：

$$F(u) = \int_{-\infty}^{\infty} f(x)\cos\{2\pi ux\}\mathrm{d}x + i\int_{-\infty}^{\infty} f(x)\sin\{2\pi ux\}\mathrm{d}x \qquad \text{2-16}$$

如果 $f(x)$ 是实函数且偶函数，即 $f(x) = f(-x)$，由于正弦函数 $\sin\{2\pi ux\}$ 是奇函数，则 $f(x)$ 与正弦项乘积在空间内的积分得 0，则式 2-16 可转变为式 2-17。其中，F(u) 是实函数。

$$F(u) = \int_{-\infty}^{\infty} f(x)\cos\{2\pi ux\}\mathrm{d}x = 2\int_0^{\infty} f(x)\cos\{2\pi ux\}\mathrm{d}x \qquad \text{2-17}$$

如果 $f(x)$ 是实函数且奇函数，即 $f(x) = -f(-x)$，由于余弦函数 $\cos\{2\pi ux\}$ 是偶函数，则 $f(x)$ 与余弦项乘积在一维全空间上的积分为 0，则式 2-16 可变换为式 2-18，$F(u)$ 是纯虚函数。

$$F(u) = i\int_{-\infty}^{\infty} f(x)\sin\{2\pi ux\}\mathrm{d}x = 2i\int_0^{\infty} f(x)\sin\{2\pi ux\}\mathrm{d}x \qquad \text{2-18}$$

任意实函数均可记为奇函数和偶函数的求和（式 2-19a），也可记为式 2-19b：

$$f(x) = \frac{1}{2}\{f(x) + f(-x)\} + \frac{1}{2}\{f(x) - f(-x)\} = f_{\mathrm{e}}(x) + f_{\mathrm{o}}(x)$$

$$\text{2-19a}$$

$$F(u) = A(u) + iB(u) \qquad \text{2-19b}$$

在式 2-19b 中，$A(u)$ 和 $B(u)$ 均表示是函数，可分别由式 2-20a 和式 2-20b 获得，相应的余弦积分和正弦积分罗列在对应的傅里叶积分列表中[9-10]。因此，任何函数 $f(x)$，无论是实函数还是虚函数，均可记为如式 2-21～式 2-28 所示的变换：

正空间	傅里叶空间	公式
$f(x)$	$F(u)$	2-21
$f(-x)$	$F(-u)$	2-22
$f^*(-x)$	$F^*(-u)$	2-23
$f(ax)$	$\frac{1}{a}F(u/a)$	2-24
$f(x) + g(x)$	$F(u) + G(u)$	2-25
$f(x - a)$	$\exp\{2\pi iau\}F(u)$	2-26
$\mathrm{d}f(x)/\mathrm{d}x$	$\{-2\pi iu\}F(u)$	2-27
$\mathrm{d}^n f(x)/\mathrm{d}x^n$	$\{-2\pi iu\}^n F(u)$	2-28

通过卷积的定义式，可证明上述傅里叶变换，式 2-24 的证明过程：

$$\int\limits_{-\infty}^{\infty} f(ax) \exp\{2\pi iux\} \mathrm{d}x$$

$$= \frac{1}{a} \int\limits_{-\infty}^{\infty} f(X) \exp\{2\pi iuX/\mathrm{a}\} \mathrm{d}X \qquad \text{2-24a}$$

$$= \frac{1}{a} F(u/a)$$

式 2-26 的证明过程：

$$\int\limits_{-\infty}^{\infty} f(x-a) \exp\{2\pi iux\} \mathrm{d}x$$

$$= \int\limits_{-\infty}^{\infty} f(X) \exp(2\pi iuX + ua) \mathrm{d}X \qquad \text{2-26a}$$

$$= F(u) \exp\{2\pi iua\}$$

式 2-27 的证明过程如式 2-27a 所示，连续的微分可获得式 2-28。

$$\int \frac{\mathrm{d}}{\mathrm{d}x} f(x) \exp\{2\pi iux\} \mathrm{d}x$$

$$= \iint \frac{\mathrm{d}}{\mathrm{d}x} [F(v) \exp\{-2\pi iux\} \mathrm{d}v] \exp\{2\pi iux\} \mathrm{d}x \qquad \text{2-27a}$$

$$= \int (-2\pi iv) F(v) \int \exp\{2\pi i(u-v)x\} \mathrm{d}v \mathrm{d}x$$

$$= (-2\pi iu) F(u)$$

2.2.3　乘法定理和卷积定理

乘法定理和卷积定理是卷积中的重要定律：乘法定理，如式 2-29，两函数乘积的傅里叶变换等于两函数傅里叶变换的卷积；卷积定理，如式 2-30a，两函数卷积的傅里叶变换等于两函数傅里叶变换的乘积。

$$\Im[f(x) \cdot g(x)] = F(u) * G(u) \qquad \text{2-29}$$

$$\Im[f(x) * g(x)] = F(u) \cdot G(u) \qquad \text{2-30a}$$

在乘法定理和卷积定理中，命名根据国际管理，实空间中函数用小写字母表示，傅里叶变换用相应的大写字母表示。乘法定理和卷积定理的证明很容易，但通常并不严格，令 $x-X=y$，式 2-30a 的证明过程如式 2-30b。

$$\iint f(X)g(x-X)\mathrm{d}X \cdot \exp\{2\pi iux\}\mathrm{d}x$$

$$=\int f(X)g(y)\exp\{2\pi iu(X+y)\}\mathrm{d}X\mathrm{d}y$$

$$=\int f(X)\exp\{2\pi iuX\}\mathrm{d}X\int g(y)\exp\{2\pi iuy\}\mathrm{d}y$$

$$=F(u) \cdot G(u)$$

2-30b

2.2.4　空间和时间

傅里叶变换 F（u）不仅能提供空间分布 f（r）和衍射振幅间的关系，也能涉及函数随时间的 f（t）以及相应的频率分布，时间和频率间的关系如式 2-31 所示，其中 v 表示频率，为了将空间和时间的变换类比完整，引入负频率的概念，负频率表示时间波相位的负进展。

$$F(v)=\int_{-\infty}^{\infty} f(t)\exp\{2\pi ivt\}\mathrm{d}t \qquad \text{2-31a}$$

$$F(t)=\int_{-\infty}^{\infty} f(v)\exp\{-2\pi ivt\}\mathrm{d}v \qquad \text{2-31b}$$

对于涉及空间和时间的函数 f（r，t），傅里叶变换可相对于坐标、时间以及坐标和时间，为避免歧义，同时涉及空间和时间的傅里叶变换需指明所涉及的变量（式 2-32）。

$$\Im_{(x,\,t)}=[f(x，y，z，t)]=F(u，y，z，v)$$

$$=\iint_{-\infty}^{\infty} f(x，y，z，t)\exp\{2\pi i(ux+vt)\}\mathrm{d}x\mathrm{d}t$$

2-32

2.3　傅里叶变换与衍射

本节介绍常见的傅里叶变换及其在运动学衍射理论的应用，主要涉及一维和二维物体的衍射。

2.3.1　点源或点孔

如果遮挡屏非透明，且存在尺寸非常小的光孔或者非常小的点光源时，光在一维空间中的传输可描述为狄拉克函数 $\delta(x)$；如果光源或光孔不在原点，可描述为狄拉克函数 $\delta(x-a)$，用于理论计算夫琅禾费衍射图样的傅里叶变换：

$$\Im\delta(x)=1 \qquad\qquad \text{2-33a}$$

$$\Im\delta(x-a)=\exp\{2\pi iua\} \qquad\qquad \text{2-33b}$$

式 2-33b 的积分形式如式 2-33c，被积函数 $\delta(x-a)$，在 $x=a$ 处，函数值无限大；在 $x\neq a$ 时，函数值为 0。因此，式 2-33c 的积分形式也可记为式 2-33d，衍射图样中的振幅与狄拉克函数 $\delta(x-a)$ 的傅里叶变换 $F(u)$ 呈正比。对于夫琅禾费衍射，当光透过光孔后，接收屏上的光强呈均匀分布（忽略 $1/R^2$ 和倾斜因子 $K(\theta)$）。

$$\int_{-\infty}^{\infty}\delta(x-a)\exp\{2\pi iux\}\mathrm{d}x \qquad\qquad \text{2-33c}$$

$$\exp\{2\pi iux\}\int_{-\infty}^{\infty}\delta(x-a)\mathrm{d}x=\exp\{2\pi iua\} \qquad\qquad \text{2-33d}$$

2.3.2　平面波

如果入射波的类型为平面波，其中平面波可视为点光源或点孔德逆变换，平面波相对于时间 t 的傅里叶变换如式 2-34 所示：在时间空间为平面波；在频率空间为狄拉克函数。平面波相对于位置 x 的傅里叶变换如式 2-35 所示：在位置空间为正弦函数，在倒易空间为狄拉克函数。平面波相对于时间 t 和位置 x 的傅里叶变换如式 2-36 所示，在频率空间和倒易空间均为狄拉克函数。

$$\Im_t\exp\{2\pi i(v_1t-x/\lambda_1)\}=\delta(v+v_1)\exp\{-2\pi ix/\lambda_1\} \qquad \text{2-34}$$

$$\Im_x\exp\{2\pi i(v_1t-x/\lambda_1)\}=\exp(2\pi iv_1t)\delta(u-1/\lambda_1) \qquad \text{2-35}$$

$$\Im_{x,t}\exp\{2\pi i(v_1t-x/\lambda_1)\}=\delta(v+v_1)\cdot\delta(u-1/\lambda_1) \qquad \text{2-36}$$

对于平面波，在特定介质中，对位置 x 和时间 t 进行傅里叶变换，可获得频率 v 和波长 λ^{-1}，即角频率 ω 和倒易矢量 $2\pi k$，成为平面波在特定介质中的色散定律。

2.3.3 平移转变

平移转变如式 2-37 所示，涉及点源傅里叶变换（式 2-33）以及卷积公式
(2-30)，在正空间中的平移相当于在倒易空间中乘以负指数，夫琅禾费衍射花样
中的衍射强度分布可由倒易空间中的振幅所描述，与正空间中的平移操作无关。

$$\Im f(x-a)=\Im\{f(x)*\delta(x-a)\}=F(u)\exp\{2\pi iua\} \qquad 2\text{-}37$$

2.3.4 狭缝函数-1

如果遮挡屏非透明，且存在宽度为 a 的狭缝，则狭缝的传递函数为：

$$g(X)=0 \text{ 当} |x|>a/2$$
$$g(X)=1 \text{ 当} |x|\leqslant a/2 \qquad 2\text{-}38$$

宽度为 a 狭缝函数的傅里叶变换如式 2-39a 所示：令 $u=l/\lambda$，傅里叶变换
如式 2-39b，当均匀平行光透过狭缝时，在接收屏上的衍射强度分布如式 2-39c，
当 $l=0$ 时，接收屏上呈现中心主极大，强度为 a^2，随 1 的增加，接收屏在 $l=n\lambda/a$ $(n\neq0)$ 处存在次级大（图 2.2）。

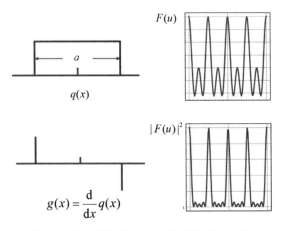

图 2.2 微分型狭缝函数的傅里叶变换示意图

$$F(u)=\int_{-a/2}^{a/2}\exp\{2\pi iux\}\mathrm{d}x=\frac{\sin(\pi au)}{\pi u} \qquad 2\text{-}39a$$

$$F(l) = \frac{a \sin(\pi l a / \lambda)}{\pi l a / \lambda} \qquad \text{2-39b}$$

$$I(l) = \frac{a^2 \sin^2(\pi l a / \lambda)}{(\pi l a / \lambda)^2} \qquad \text{2-39c}$$

2.3.5 狭缝函数-2

为阐明微分傅里叶变换的应用，狭缝也可定义为狄拉克函数的叠加，如式 2-40a：

$$g(x) \equiv dq(x)/dx = \delta(x + \frac{1}{2}a) - \delta(x - \frac{1}{2}a) \qquad \text{2-40a}$$

如图 2.2 所示，式 2-40a 的傅里叶变换如式 2-40b：

$$G(u) = \exp\{-\pi i a u\} - \exp\{\pi i a u\} = -i \sin(\pi a u) \qquad \text{2-40b}$$

$$G(u) = \{-2\pi i u\} F(u) \qquad \text{2-40c}$$

$$F(u) = \sin(\pi a u)/(\pi u) \qquad \text{2-40d}$$

利用式 2-27，可获得式 2-40c，其形式与式 2-39a 相同。

2.3.6 直边

如果遮挡屏非透明，在边界处存在直边的传递函数：

$$f(x) = 0，当 x < 0$$
$$f(x) = 1，当 x \geq 0 \qquad \text{2-41a}$$

利用 2.3.5 节中所采用的策略，令 g （x）为 f （x）的倒数：

$$g(x) = df(x)/dx = \delta(x) \qquad \text{2-41b}$$

即：

$$G(u) = 1 \qquad \text{2-41c}$$

$$F(u) = (2\pi i u)^{-1} \qquad \text{2-41d}$$

在积分过程中，忽略了常数项，注意到：

$$\int_{-\infty}^{\infty} (f(x) - \frac{1}{2}) dx = 0 \qquad \text{2-41e}$$

式 2-41e 显示了常数项是 1/2，插入 1/2 后，可获得正确的结果：

$$F(u) = \frac{1}{2}\delta(u) - (2\pi iu)^{-1}$$ 2-41f

2.3.7 方孔

2.3.4 节介绍了一维狭缝的傅里叶变换，可将一维狭缝扩展至二维方孔，方孔的传递函数如：

$$f(x, y) = 1, \text{当} |x| < a/2 \text{且} |y| < b/2$$
$$f(x, y) = 0, \text{其他}$$ 2-42

二维方孔的傅里叶变换如式 2-43a 所示。当光透过边长为 a 和 b 的方孔后，接收屏上的强度分布如式 2-43b 所示；当 $u = v = 0$ 时，衍射强度存在极大值，即 $a^2 b^2$；沿平行于 x 轴的 u 矢量，以 a^{-1} 为间隔，沿平行于 y 轴的 v 矢量，以 b^{-1} 为间隔，衍射强度呈现震荡性的周期性下降。倒易空间中的衍射强度分布与实际空间中的维度呈反比，对所有区域进行积分求和是 ab，即方孔面积。

$$F(u, v) = \int_{-a/2}^{a/2} \exp\{2\pi iux \, dx\} \int_{-b/2}^{b/2} \exp\{2\pi ivy \, dy\}$$ 2-43a

$$= ab \sin(\pi au)/(\pi au) \sin(\pi bv)/(\pi bv)$$

$$I(u, v) = a^2 b^2 \frac{\sin^2(\pi au)}{(\pi au)^2} \frac{\sin^2(\pi bv)}{(\pi bv)^2}$$ 2-43b

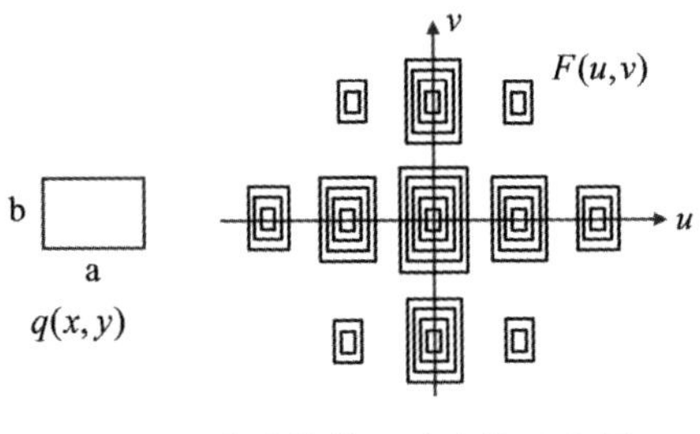

图 2.3 方孔的傅里叶变换示意图

2.3.8 圆孔

如果遮挡屏非透明，且存在直径为 a 的圆孔，其传递函数为：

$$f(x, y) = 1, \quad 当 (x^2 + y^2)^{1/2} < a/2$$

$$f(x, y) = 0, \quad 其他 \qquad \text{2-44a}$$

圆孔函数的傅里叶变换采用极坐标形式，如式 2-44b 所示。其中，u 表示径向坐标，$J_1(x)$ 表示一阶贝塞尔函数，函数 $J_1(x)/x$ 的图像形式与 $\sin x/x$ 相似，但中心主极大更宽，中心主极大与第一极大的间距为 $1.22a^{-1}$。

$$F(u) = (\pi a^2/2) \frac{J_1(\pi au)}{\pi au} \qquad \text{2-44b}$$

2.3.9 两窄狭缝

如果遮挡屏非透明，且存在两窄狭缝，双狭缝间距为 A，以两狭缝的中心为原点，传递函数为：

$$f(x) = s(x + A/2) + s(x - A/2) \qquad \text{2-45a}$$

在式 2-45a 中，$s(x)$ 表示宽度为 a 单狭缝的传递函数，对于非常窄的狭缝，a 趋于零，为保证强度有限，令入射波的振幅正比于 $1/a$，单狭缝的传递函数 $s(x)$ 可转变为 $\delta(x)$，即：

$$f(x) = \delta(x + A/2) + \delta(x - A/2) \qquad \text{2-45b}$$

双狭缝的傅里叶变换如式 2-46a 所示，当光穿过双狭缝后，接收屏上的光强分布如式 2-46b 所示，会显示处宽度均匀的正弦条纹。

$$f(u) = \exp\{-\pi iAu\} + \exp\{-\pi iAu\}$$

$$= 2\cos(\pi Au) \qquad \text{2-46a}$$

$$I(l) = 4\cos^2(\pi Al/\lambda) \qquad \text{2-46b}$$

2.3.10 两一定宽度狭缝

如果遮挡屏非透明，且存在宽度为 a 的双狭缝，双狭缝间距为 A，其中 $s(x)$ 表示单狭缝的传递函数：

$$f(x) = s(x) * [\delta(x + A/2) + \delta(x - A/2)] \qquad \text{2-47a}$$

利用卷积定理可获得双狭缝的傅里叶变换（式 2-47b）：

$$F(u) = 2a\cos(\pi Au) \frac{\sin(\pi au)}{\pi au} \qquad \text{2-47b}$$

当光透过这种双狭缝后，接收屏上的衍射花样如图 2.4 所示，余弦平方的周期性是 $1/(2A)$，为 $\sin^2 x/x^2$ 函数所调制，当 $u=a^{-1}$ 时，函数值为 0，接收屏上的衍射强度为 0。这也是杨氏双缝实践的解释，对于光学物理的发展具有重要的意义。

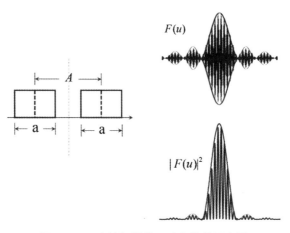

图 2.4　双狭缝衍射傅里叶变换的示意图

2.3.11　有限波列

2.3.9 节两窄狭缝的逆变换如式 2-48a：

$$\Im\{2\cos(\pi Ax)\}=\delta(u+A/2)+\delta(u-A/2) \tag{2-48a}$$

如果波列为余弦函数的形式，且由宽度 B 截断，其形式如式 2-48b：

$$f(x)=2\cos\{\pi Ax\}s_B(x) \tag{2-48b}$$

利用乘法原理，有限波列的傅里叶变换如式 2-48c：

$$f(u)=\{\delta(u+A/2)+\delta(u-A/2)\}*\frac{B\sin(\pi Bu)}{\pi Bu} \tag{2-48c}$$

有限波列在傅里叶空间中的振幅可表示为 $u=\pm A/2$ 两函数的求和，如果截断宽度 B 远远大于余弦波的间隔，则光透过该波列时，接收屏上无明显的重叠，衍射强度分布如式 2-48d；如果截断宽度 B 仅为 $2/A$ 的几倍，则无法使用式 2-48d 的近似处理。

$$I(u)=\frac{B^2\sin^2(\pi Bu)}{(\pi Bu)^2}*\{\delta(u+A/2)+\delta(u-A/2)\} \tag{2-48d}$$

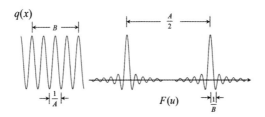

图 2.5　有限波列乘以狭缝函数以及傅里叶变换示意图

2.3.12　周期性窄缝阵列

如果遮挡屏非透明，且存在周期性的窄缝阵列，窄缝宽度近似为 0、间距为 a，周期性窄缝阵列函数为：

$$f(x) = \sum_{n=-\infty}^{\infty} \delta(x - na) \qquad \text{2-49a}$$

利用式 2-33，可获得周期性窄缝阵列的傅里叶变换（式 2-49b）：

$$f(u) = \sum_{n=-\infty}^{\infty} \exp\{2\pi iuna\} \qquad \text{2-49b}$$

如果 $\exp\{2\pi iua\} = 1$，周期性窄缝阵列傅里叶变换的求和趋于无穷（公式 2-49e）；如果 $\exp\{2\pi iua\} \neq 1$，利用等比数列的求和公式（式 2-49c 和式 2-49d），可将周期性窄缝阵列的傅里叶变换转化为：

$$\sum_{0}^{\infty} x^n = (1-x)^{-1} \qquad \text{2-49c}$$

$$
\begin{aligned}
F(u) &= \sum_{0}^{\infty}\left[\exp\{2\pi iua\}\right]^n + \sum_{0}^{\infty}\left[\exp\{2\pi iua\}\right]^n - 1 \\
&= \left[^1 - \exp\{2\pi iua\}\right] - 1 + \left[^1 - \exp(-2\pi iua)\right] - 1 - 1 \\
&= 0
\end{aligned}
\qquad \text{2-49d}
$$

$$F(u) = \infty \quad \text{当 } \exp\{2\pi iua\} = 1 \qquad \text{2-49e}$$

如果 $2\pi ua = 2h\pi$，即 $u = h/a$，即周期性窄缝阵列的傅里叶变换如式 2-49f 所示。其中，a^{-1} 表示狄拉克函数的权重。

$$F(u) = a^{-1} \sum_{h} \delta(u - h/a) \qquad \text{2-49f}$$

当光透过狭缝的宽度近似为 0 时，狭缝间距为 a 的周期性窄缝阵列，在接收屏上会呈现出一系列等间距的狄拉克函数，在倒易空间中间距为 a^{-1}。

2.3.13　任意周期性函数

当遮挡物为任意周期性传递函数（式 2-50）时：

$$f(x) = \sum_{-\infty}^{\infty} F_h \exp\{-2\pi i h x/a\} \qquad \text{2-50}$$

任意周期性函数的傅里叶变换如式 2-51a 所示，利用式 2-7 可转化为式 2-51b。因此，衍射振幅可通过一组间距为 a^{-1} 的狄拉克函数表示，每个狄拉克函数的权重因子 F_h 也就是影响的傅里叶系数，式 2-51b 也构成了晶体对 X 射线及电子衍射的理论基础。

$$F(u) = \sum_{-\infty}^{\infty} F_h \int_{-\infty}^{\infty} \exp\{-2\pi i(-hx/a + ux)\} \mathrm{d}x \qquad \text{2-51a}$$

$$F(u) = \sum_{-\infty}^{\infty} F_h \delta(u - h/a) \qquad \text{2-51b}$$

2.3.14　窄缝衍射光栅

如果遮挡屏非透明，存在衍射光栅时，即 N 平行、等间距的窄缝（宽度为 0），传递函数为：

$$f(x) = \sum_{-(N-1)/2}^{(N-1)/2} \delta(x - na) \qquad \text{2-52}$$

衍射光栅的傅里叶变换即推导过程如式 2-53 所示：

$$\begin{aligned} f(u) &= \sum_{-(N-1)/2}^{(N-1)/2} \exp\{2\pi i u n a\} \\ &= \exp\{-\pi i u(N-1)a\} \sum_{0}^{N-1} \exp\{2\pi i u n a\} \\ &= \exp\{-\pi i u(N-1)a\} \frac{\exp\{2\pi i u N a\} - 1}{\exp\{2\pi i u a\} - 1} \\ &= \frac{\sin(\pi N a u)}{\sin(\pi a u)} \end{aligned} \qquad \text{2-53}$$

此外，可将式 2-49f 的形式重写衍射光栅的傅里叶变换：

$$f(x) = s(x) \sum_{n=-\infty}^{\infty} \delta(x - na) \qquad \text{2-54}$$

在式 2-54 中，$s(x)$ 表示宽度为 Na 的狭缝函数，则形如：

$$F(u) = \sum_h \delta(u - h/a) * Na \frac{\sin(\pi Nau)}{\pi Nau} \qquad \text{2-55}$$

式 2-53 和式 2-55 类似，峰值均带有侧波纹的尖峰，形如间距为 a^{-1}，缝宽是从中央主极大倒第一个零点的间距，即 1/（Na）。如图 2.6 所示。

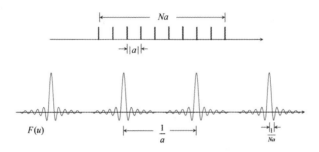

图 2.6 衍射光栅的衍射振幅分布

2.3.15 细缝衍射光栅

细缝衍射光栅是窄缝衍射光栅的扩展，衍射光栅中线存在一定宽度，细缝衍射光栅可刻在玻璃、金属以及塑料制品上，细缝衍射光栅的传递函数可由单狭缝与 N 个狄拉克函数卷积而成：

$$f(x) = \sum_{-(N-1)/2}^{(N-1)/2} \delta(x - na) * g(x) \qquad \text{2-56}$$

细缝衍射光栅的傅里叶变换：

$$F(u) = G(u) \frac{\sin(\pi Nau)}{\sin(\pi au)} \qquad \text{2-57}$$

$$F(u) = G(u) \left[\sum_h \delta(u - h/a) * Na \frac{\sin(\pi Nau)}{\pi Nau} \right] \qquad \text{2-58}$$

如果平行光透过细缝衍射光栅，接收屏上的衍射极大值与函数 $g(x)$ 的傅里叶变换在 u 处的数值呈正比。因此，细缝衍射光栅可描述为周期性函数与狭缝函数 $s(x)$ 的乘积：

$$F(u) = \sum_{h} F_h \delta(u\text{-}h/a) * Na\, \frac{\sin(\pi Nau)}{\pi Nau}\,]$$

2-59

2.3.16　高斯函数

在传递函数中，高斯函数很少使用，但高斯函数常用作近似不连续性或解析函数的适当收敛，这是由于其特殊的傅里叶变换特性，即高斯函数的傅里叶变换仍为高斯函数。

令 f（x）为高斯函数：

$$f(x) = \exp\{\text{-}a^2 x^2\}$$

2-60a

利用卷积积分可获得高斯函数的傅里叶变换（式 2-60b）：

$$F(u) = (\pi^{1/2}/a)\exp\{\text{-}\pi^2 u^2/a^2\}$$

2-60b

如果高斯函数的半高宽为 a^{-1}，则对应傅里叶变换高斯函数的半高宽为 a/π；如果函数 f（x）表示两高斯函数的卷积（式 2-61a），则 f（x）的傅里叶变换仍为高斯函数（2-61b）：

$$f(x) = \exp(\text{-}a^2 x^2) * \exp(\text{-}b^2 x^2)$$

2-61a

$$F(u) = (\pi/ab)\exp\{\text{-}\frac{\pi^2 u^2 (a^2 + b^2)}{a^2 b^2}\}$$

2-61b

应用反傅里叶变换，式 2-61b 可变换为公式 2-62，这表示两高斯函数的卷积仍是高斯函数。

$$f(x) = (\frac{\pi}{a^2 + b^2})^{1/2} \exp\{\text{-}\frac{(a^2 b^2)}{a^2 + b^2} x^2\}$$

2-62

第三章　X 射线衍射

3.1　波在周期性介质中的传播

根据布里渊[12] 对波在周期性介质中传播，考虑平面波在介质中的传播，平面波可定义为：

$$Y = Y_0 \exp[i(\boldsymbol{kr} - \omega t)] \qquad 3\text{-}1$$

其中，Y 表示在空间 r 和时间 t 中振荡的物理参数，而 Y_0、k 和 ω 分别表示波振幅、波矢和角频率，式 3-1 中圆括号中的物理量可表示为：

$$\varphi = \boldsymbol{kr} - \omega t \qquad 3\text{-}2$$

φ 表示平面波的相位，在任意时刻 t，恒定相位即 $\varphi =$ 常数由 $kr =$ 常数决定，后者是垂直于波传播方向 k 的几何图示方程，这也是这种波被定义为平面波的原因。

首先，考虑波在均匀介质中的传播，如果波在其轨迹某点波矢量 k_i 的平面波进行传播，根据动量守恒定律，该波将以相同的波矢量继续传播，波矢量 k 可通过约化普朗克常数与动量 P 相关联，即 $P = \hbar k$。动量守恒定律是均匀介质特殊对称性的直接体现，称为空间均匀性[13]。

如果波在非均匀介质中传播，则发生了巨大变化，动量守恒定律则因这种非均匀性而无效。在非均匀介质中，可找到不同于初始波矢 k_i 的波矢量 k_f，最简单的情况是当介质中包含两不同特性的同质部分时，波在界面处会发生折现现象。在本章中，着重介绍具有平移对称性的特定非均匀介质，其仅包含特定点 r_s 中的散射中心，即：

$$\boldsymbol{r}_s = n_1 \boldsymbol{a}_1 + n_2 \boldsymbol{a}_2 + n_3 \boldsymbol{a}_3 \qquad 3\text{-}3$$

其余空间均为空，在式 3-3 中，矢量 a_1、a_2 和 a_3 是三个非共面的平移矢量，而 n_1、n_2 和 n_3 是整数，这也就是晶体模型。

仅基于平移对称性，即在没有吸收的情况下，平面波 Y 的振幅与式 3-3 中任何晶格节点处应相同。这意味着振幅 Y_0 在所有 r_s 处均相同，而相位 φ 可相差为 2φ 的整数倍。假设平面波在 $r_0 = 0$ 和 $t_0 = 0$ 处具有波矢量 k_i，根据式 2-2 得 φ（0）$= 0$，此时在 r_s 点，平面波相位 φ（r_s）应为 $\varphi(r_s) = k_f r_s - \omega t = 2\pi m$。波矢量从 k_i 到 k_f 的变化意味着在点 r_s 处散射，如图 3.1 所示，仅考虑弹性散射，其关系可表述为式 3-4，其中 λ 表示波长。

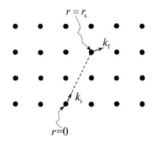

图 3.1　X 射线在周期性介质中传播的示意图

$$|\boldsymbol{k}_f| = |\boldsymbol{k}_i| = |\boldsymbol{k}| = \frac{2\pi}{\lambda} \qquad\qquad 3\text{-}4$$

为进一步研究波在介质中的传播，引入在真空中的线性色散定律，即波矢 $\boldsymbol{k}$ 的模与角频率 ω 的线性关系，如式 3-5 所示：

$$\omega = c|\boldsymbol{k}| \qquad\qquad 3\text{-}5$$

其中，c 表示波的传播速度，由式 3-4 和式 3-5，可得波在 $r_0 = 0$ 和 r_s 间的时间间隔 t：

$$t = \frac{\boldsymbol{k}_i r_s}{|\boldsymbol{k}_i|c} \qquad\qquad 3\text{-}6$$

结合式 3-2、式 3-4、式 3-5 以及 3-6，可计算平面波在 $\boldsymbol{r}_s$ 点散射后的相位 φ（r_s），如公式 3-7 所示：

$$\varphi(\boldsymbol{r}_s) = \boldsymbol{k}_f r_s - \omega t = (\boldsymbol{k}_f - \boldsymbol{k}_i) r_s \qquad\qquad 3\text{-}7$$

由于平面波的初始相位 φ（0）$= 0$，式 3-7 可确定由散射波引起的相位差 φ，散射矢量 $\boldsymbol{k}_f$ 与初始矢量 $\boldsymbol{k}_i$ 间的矢量差，称为散射矢量 Q：

$$Q = k_f - k_i \qquad \text{3-8}$$

将式 3-8 带入式 3-7，可得到相位差 φ：

$$\varphi = \varphi(r_s) = Q r_s \qquad \text{3-9}$$

根据式 3-8，允许不同的 k_f 值，但仅限于在式 3-9 标量积中的数值，即散射矢量 Q_B 与晶胞散射矢量 r_s 的内积等于 2π 的整数倍。

$$\varphi = Q_B r_s = 2\pi m \qquad \text{3-10}$$

其中，Q_B 是散射矢量，为避免使用系数 2π，引入另一矢量 H，两者间的关系如式 3-11：

$$H = \frac{Q_B}{2\pi} \qquad \text{3-11}$$

利用散射矢量 Q_B 与 H 间的关系如公式 3-10：

$$H \cdot r_s = m \qquad \text{3-12}$$

将式 3-3 带入式 3-12，可获得：

$$H \cdot (n_1 a_1 + n_2 a_2 + n_3 a_3) = m \qquad \text{3-13}$$

为寻找满足式 3-13 允许矢量 H 的集合，引入倒易空间的概念，其基于三非共面矢量 b_1、b_2 和 b_3，正空间和倒易空间可通过正交条件（式 3-14）建立关系：

$$a_i b_j = \delta_{ij} \qquad \text{3-14}$$

其中，δ_{ij} 是克罗内克符号，当 $i = j$ 时，δ_{ij} 等于 1；当 $i \neq j$ 时，δ_{ij} 等于 0；i 和 j 等于 1、2 和 3。为从正空间构建倒易空间，可采用如下数学过程（式 3-15）：

$$b_1 = \frac{[a_2 \times a_3]}{V_c}$$

$$b_2 = \frac{[a_3 \times a_1]}{V_c} \qquad \text{3-15}$$

$$b_3 = \frac{[a_1 \times a_2]}{V_c}$$

V_c 表示矢量 a_1、a_2 和 a_3 在正空间中平行六面体的体积：

$$V_c = a_1 \cdot [a_2 \times a_3] \qquad \text{3-16}$$

根据式 3-16，可轻易检测式 3-15 中的正交条件。

在倒易空间中，矢量 H 是倒易基矢 b_1、b_2 和 b_3 的线性组合（式 3-17）：

$$H = hb_1 + kb_2 + lb_3 \qquad\qquad 3\text{-}17$$

整数投影 (hkl)，也就是米勒指数，由公共原点 (000) 构成矢量 H 末端形成的倒易格点，如图 3.2 所示，对于所有矢量 H，由于正交条件（式 3-14），式 3-13 有效。因此在具有平移对称性的介质中，仅满足与初始波矢 k_i 满足式 3-18 的波矢 k_f 可能存在：

$$k_f - k_i = Q_B = 2\pi H \qquad\qquad 3\text{-}18$$

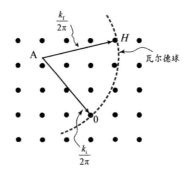

图 3.2　倒易点阵与瓦尔德球，初始波矢和衍射波矢量分别由 k_i 和 k_f 表示

式 3-18 被称为平移对称介质中的准动量守恒定律，可在均匀介质中代替动量守恒定律使用。式 3-18 的图示表示可得到著名的布拉格方程。

公式 3-18 描述了无限周期介质中的运动学衍射过程，除入射波矢 k_i 外，沿不同方向 k_f 传播是衍射现象的本质，衍射过程的必要条件是准动量定律，其定义了矢量 k_i 和 k_f 间特特定角度 $2\theta_B$，在该角度，原则上可观察到衍射强度，求解图 3-3 中的波矢三角形可获得式 3-19：

$$2|k|\sin\theta_B = \frac{4\pi\sin\theta_B}{\lambda} = 2\pi|H| = |Q_B| = Q_B \qquad\qquad 3\text{-}19$$

倒易格点中的每个矢量，即 $H = hb_1 + kb_2 + lb_3$，均垂直于正空间中的晶面，这由式 3-12 给出，其定义矢量 r_s 端点的几何平面，该平面垂直于矢量 H（见图 3.4），式 3-19 引入了一组这种类型的平行平面，间距为 d：

$$d = \frac{1}{|H|} \qquad\qquad 3\text{-}20$$

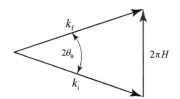

图 3.3 式 3-18 的几何图示

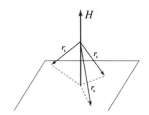

图 3.4 式 3-12 的示意图

最终，可推导出布拉格方程：

$$2d\sin\theta_B = \lambda \qquad\qquad 3\text{-}21$$

布拉格方程提供了衍射波传播的可能方向，即通过布拉格角 θ_B 和晶面间距 d 间的关系，利用式 3-15、式 3-16、式 3-17 和式 3-20，作为晶胞参数和米勒指数的函数，对应于正空间中所有可能的对称系统，利用布拉格方程测试衍射峰位 $2\theta_B$，计算晶面间距，为通过衍射方法求解晶体结构提供了重要工具。

利用散射波增殖的相位，可进一步利用布拉格方程，考虑入射 X 射线在两平行原子平面间的衍射行为（见图 3.5），波在点 I 处穿过第一个原子平面并发生散射，然后在点 II 处被第二个原子平面散射，每次散射后，入射波矢从 k_i 变为 k_f，根据式 3-8 和式 3-9，两散射波间的相位差 φ：

$$\varphi = (k_f - k_i)(r_{II} - r_I) = Qr \qquad\qquad 3\text{-}22$$

其中，$r = r_{II} - r_I$ 是连接点 r_I 和 r_{II} 的矢量，对于特定衍射，矢量 Q 垂直于原子平面，因此相位差可简单表述为：

$$\varphi = Qd \qquad\qquad 3\text{-}23$$

利用式 3-19 和式 3-21，在精确布拉格格点两衍射波的相位差 φ_B 可表述为式 3-24，即衍射波同相，这就波动学中晶体衍射物理的本质。

$$\varphi_B = Q_B d = 2\pi \qquad\qquad 3\text{-}24$$

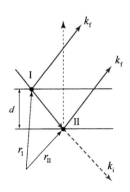

图 3.5　平面对 X 射线散射的示意图

布拉格方程的形式如式 3-21 或式 3-24，实际上，式 3-24 只反映了衍射过程的必要条件，可用于计算入射波和衍射波间的角度。然而，为实现衍射条件，对于单晶体相对于入射光束所需取向并未阐明。该信息仍包含在初始方程（3-18）中，为提取这些信息，构建倒易空间的瓦尔德球（见图 3.2）。

在瓦尔德球中，入射波矢 k_i（模长除以 2π）被放置于待研究晶体的倒易晶格内，因波矢量可在空间内移动而不改变其方向，即保持与入射方向平行，可令矢量 $k_i/2\pi$ 在倒易空间中格点处结束。现将其作为 0 节点，矢量 $k_i/2\pi$ 的起点也可定义（见图 3.2），对于弹性散射，所有可能的衍射波矢 k_f 的末端应位置半径为 $|k_f|/2\pi = |k_f|/2\pi = |k_f|/2\pi = 1/\lambda$ 的球体表面上，球心位于图 3.2 中的 A 点，该球也称为瓦尔德球。借助图 3.2，式 3-18 所述的衍射条件仅表示瓦尔德球与 0 节点外的另一节点 H 相交，后者始终位于瓦尔德球上。鉴于此，晶体取向适应衍射条件意味着晶体的旋转以及倒易晶格的旋转，直至至少一个节点 H 接触到瓦尔德表面。

如果波矢量 $k/2\pi$ 远小于倒易晶格的最小矢量 H_{min}，如图 3.6 所示，瓦尔德球处除与 0 节点相交外，不会与任何节点相交，即此时无法发生衍射现象，因此衍射式 3-4 和式 3-20 中需制定另一个标准：

$$\lambda \gg d_{max} \qquad 3\text{-}25$$

其中，d_{max} 表示晶胞中最大的晶面间距，利用式 3-21，可推导出更严格的限制：

$$\lambda > 2d_{max} \qquad 3\text{-}26$$

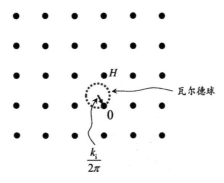

图 3.6　式 3-25 所构建的瓦尔德球

可见光衍射也符合式 3-25，如第一章所述，可见光遇到几何尺寸与其波长相当的障碍物时会发生衍射现象。

$$\lambda \ll d_{max} \qquad\qquad 3\text{-}27$$

另一种极限情况如式 3-27 所示，其对应于 $|k|/2\pi \gg H_{min}$ 时。这意味着许多不同波矢量 k_f 的衍射波可同时在晶体内传播，此时，应采用多播近似原理来处理衍射过程，这对应于电子衍射的过程[14]。

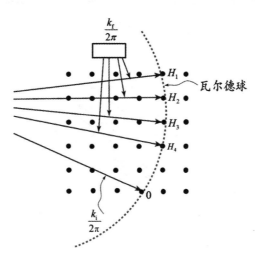

图 3.7　式 3-27 所构建的瓦尔德球

对于 X 射线衍射，满足条件（式 3-28），除入射波外，允许单个衍射波在晶体内传播，即瓦尔德球面内仅存在节点 0 和 **H**，此时衍射过程近似于双束近似，在 X 射线衍射实验中，可专门涉及这种实验易实现少数波的衍射；而多束波的衍射应采用多波束近似处理。

$$\lambda < d_{max} \qquad\qquad 3\text{-}28$$

在满足布拉格方程 3-21 时：对于无限大晶体，入射波和衍射波可描述为相同的量子力学状态，两者满足准矢量守恒定律（式 3-18），这是平移对称性的直接结果。X 射线衍射是与周期性介电常数的强烈相互作用，这属于动力学衍射的范畴；对于小晶体，与入射波相比，累计的衍射波相当弱，对入射光束的影响可忽略不计，这属于运动学衍射的范畴。

X 射线的相干性是 X 射线衍射中的重要概念，其原因是非相干波并不会产生衍射现象。根据定义，单色平面波完全相干，其具有在长度和方向上具有固定的波矢量 k，即波矢分布 Δk 趋于零，相干长度 $L_c = 2\pi/|\Delta k|$ 趋于无穷大，但实际中并没有完全的平面波。X 射线总是从射线源发出，会受到空间和时间的限制。因此，以非零扩展 Δk 来描述，矢量 Δk 存在两个分量：沿 k 矢量大小为 Δk 的分量和垂直于 k 矢量大小 $|k|$（$\Delta\alpha$）的分量（见图 3.8）；其中，$\Delta\alpha$ 是 X 射线波矢的角扩展，可引入两种不同的相干长度，即纵向相干长度 $L_{cl} = 2\pi/\Delta k_h$ 和横向相干长度 $L_{ct} = 2\pi/|k|$（$\Delta\alpha$），结合式 3-4 和 $\Delta k = 2\pi(\Delta\lambda/\lambda^2)$，可获得如下公式：

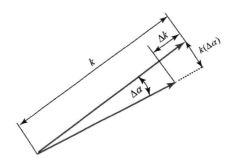

图 3.8　相干长度 L_c 的示意图

$$L_{cl} = \frac{\lambda^2}{\Delta\lambda} \qquad\qquad 3\text{-}29$$

$$L_{ct} = \frac{\lambda}{\Delta\alpha} \qquad\qquad 3\text{-}30$$

如式 3-29 和式 3-30 所述，在单色度 $\Delta\lambda/\lambda$ 和角散度 $\Delta\alpha$ 一定时，相干长度与波长 λ 呈线性关系。这意味着 X 射线的相干长度 Lc 值通常比可见光小得多。对于 $\lambda=0.1$ nm 的 X 射线并具有优异的单色性，如果单色度为 $\Delta\lambda/\lambda=2\times10^{-5}$，则纵向相干长度 $L_{cl}=5$ μm。对于 $\lambda=500$ nm 的可见光，即使单色度为 $\Delta\lambda/\lambda=10^{-4}$，则纵向相干长度 L_{cl} 可达 5000 μm。对同步辐射加速器，角度发散可降低至 $\Delta\alpha\approx10^{-6}=1$ μrad 的级别，因此 X 射线的横向相干长度最佳为 $L_{ct}\approx100$ μm。

3.2　X 射线衍射

在考虑 X 射线是否存在衍射效应时，需强调的是其波长约为 0.1 nm，是可见光波长的 1/5000。如果会发生衍射效应，何种物质会使 X 射线产生衍射效应，显然其特征尺寸非常小，冯·劳厄在 1912 年进行了 X 射线在晶体中的衍射实验[15]，借此不仅证明了 X 射线的波特性，也证明了晶体的晶格结构。凭借这一成果，冯·劳厄荣获 1914 年诺贝尔物理学奖，这是在固体物理学中具有里程碑意义的发现。随后，冯·劳厄提出了劳厄方程以及 X 射线动力学衍射理论，这构成了单晶衍射理论基础。

1914 年，布拉格父子，即威廉·劳伦斯·布拉格和威廉·亨利·布拉格，提出了著名的布拉格定律[16]，并于 1915 年荣获诺贝尔物理学奖。随着多晶体材料的深入研究，布拉格定律的应用进一步拓展。

单晶衍射和多晶衍射的区别如图 3.9 所示，通过 X 射线衍射花样（图谱）来研究晶体的微观结构，对生物学、化学、材料科学、晶体学以及物理学的发展起到了巨大的推动作用。

X 射线衍射属于无损检测技术，实验方法简便，通过深入挖掘衍射花样（衍射谱），可最大限度地获取材料的结构信息。本书中主要介绍多晶 X 射线衍射（见图 3-9），多晶衍射研究内容可涵盖两个方面：① 基于未知多晶衍射数据，求解晶体结构，晶胞参数、空间群、原子种类、原子占位等（见图 3-10）；② 基于已知晶体学文件，分析结构信息（见图 3-11）。

在早期晶体结构中，由 X 射线衍射、中子衍射和电子衍射确定的晶体结构

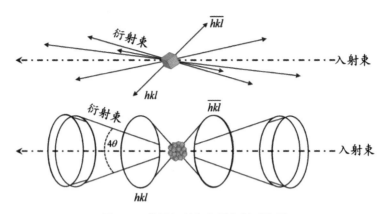

图 3.9 单晶衍射和多晶衍射对比图

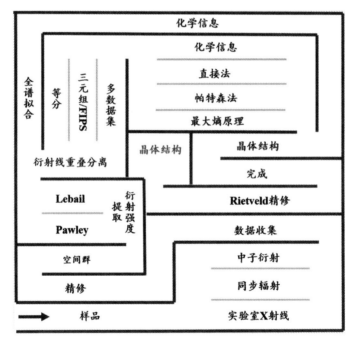

图 3.10 多晶体结构解析示意图

很多，但很多材料无法生长成宏观单晶体。而对于粉末衍射，三维晶体的结构信息压缩到一维衍射谱中时，晶体材料的结构信息发生了损失，人们意识到从非单晶粉末材料中确定晶体结构是可行的，利用一维衍射谱还原三维晶体结构的研究方法，数学理论和分析方法正在进一步完善。构建从粉末衍射谱中还原三维结构的数学模型，是解析晶体结构的有效研究方法（见图3.10）。

采用X射线单色光束照射样品一定区域，并测量强度作为入射束和衍射束间角度的函数。散射强度以均匀强度的锥体离开样品，称为德拜—谢勒锥。

材料特性取决于材料中缺陷、晶粒形状以及内部应变状态，这些均可采用衍射方法进行研究（见图3.11）。粉末衍射可用于研究微观结构（Microstructure）：①成分不均匀性；②物相分布；③微晶信息；其中微晶分布包含微晶尺寸、微晶尺寸分布、晶界分布等。多晶衍射的基本假设是理想粉末，这意味着微晶在全空间中取向概率相同，样品宏观坐标系各向同性。此外，由于运动学衍射理论是基于晶胞结构，所以微晶形状与晶胞一致。粉末衍射也可用于研究择优取向，①微晶形状：材料宏观各向同性，但微晶形状与晶胞不一致；②织构：材料宏观各向异性。

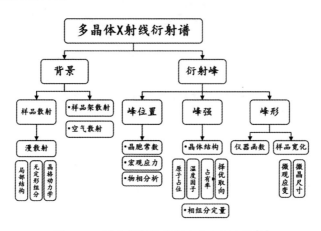

图 3.11　粉末衍射谱中研究内容示意图[20]

3.2.1　术语

在X射线衍射的研究中，涉及晶体材料的术语，本节介绍诸如单晶体（single crystal，monocrysalline）、晶粒（grain）、微晶（crystallite）和颗粒（particle）的概念。其中，晶粒、微晶和颗粒均属于多晶体中的概念[17-19]。单晶体和颗粒的定义较为明显，但晶粒与微晶在不同文本中略有差异，晶粒常用于金属学科与地质学科中，而微晶常用于X射线衍射和透射电子显微分析领域。

所谓单晶体（single crystal，monocrysalline），晶体内部在三维空间呈有规律、周期性的排列，在全晶体内部长有序，单晶体内部由晶胞进行平移性操作而成，无晶界、无缺陷。单晶体呈现宏观尺寸，可由几毫米到几米，例如，半导体行业中的硅、锗以及航空发动机中的铁铼合金。

所谓晶粒（grain），在金属学科和低质学科中，利用光学等形貌学手段观察到的外形不规则的多边形晶体，可能由多个微晶或亚晶组成，也可能由单个微晶组成，晶粒与相邻晶粒间存在一定取向角，在金属材料中可定义为 15°（见图 3.12）。

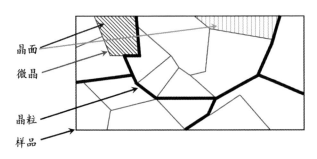

晶面
微晶
晶粒
样品

图 3.12 块体材料中微晶和晶粒示意图

所谓微晶（crystallite），内部在三维空间呈有规律、周期性的排列，在晶体内部长程有序，内部由晶胞进行平移性操作而成，无晶界、无缺陷。微晶尺寸处于介观或微观尺度：在块体学科中，微晶可构成晶粒；在粉体科学中，微晶团聚可构成颗粒。

所谓颗粒（Particles），材料在宏观上呈现粉体，粉体材料内部的微晶或者微晶集合。

3.2.2 微晶统计性误差

在多晶体衍射中，就理想粉末概念的争论一直存在，很多衍射学家[21-23]对其进行了详细的讨论。简而言之，X 射线束斑至少需照射 50 000 个微晶，这些微晶组成的粉末才是真正的粉末，经典德拜—谢乐环是由大量随机取向的微晶形成。这些微晶可以是分离状态，也可以是团聚状态。当使用胶片作为探测器时，德拜—谢乐环是常态；

当使用 2D 探测器时，仍可以看到德拜—谢乐环，常出现自微区衍射系统或者同步辐射加速器上。如果 X 射线束斑辐射的微晶数量足够大，这些微晶的斑点集合成光化的圆环；如果 X 射线束斑的微晶数量不足或存在体积较大的微晶时，这些斑点中存在高强度的亮斑。

当使用 2D 探测器时，可将德拜—谢乐环中的强度通过积分转化为一维衍射谱。当使用 0D 和 1D 探测器时，微晶统计面临着更严重的问题。现代实验室多晶衍射仪多使用 0D 探测器和 1D 位置敏感探测器 PSD，在收集衍射数据时，1D 和 1D 探测器沿特定矢量收集德拜—谢乐环中的数据。如果德拜—谢乐环中包含亮斑点，则探测器是否与高强度或者低强度的斑点相交完全取决于机会（见图 3.13），然而在一维衍射谱中并不会显示问题。如果需准确 XRD 谱中的相对衍射强度，则需将布拉格衍射强度的不确定性降到最低。当多晶衍射中提及微晶统计性误差时，一维衍射谱的重现性将面临着严重问题。通过研磨将颗粒尺寸降低至微米级，德拜—谢乐环的均匀性将得到显著改善。

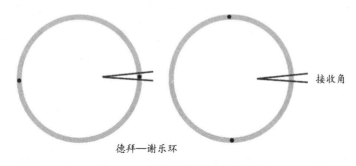

图 3.13　微晶统计性误差示意图

当使用 0D 探测器时，大微晶通常表现为在高角度出现尖锐的衍射峰，宽度近似于仪器宽度。这是由于在高角度时，X 射线辐射的区域面积更小。微晶统计性无尽会影响衍射谱中的相对强度，也会影响衍射谱的峰形函数。

考虑到微晶尺寸、X 射线辐射体积和光束发散的影响，当微晶尺寸为 40 μm 时，0D 探测器只能覆盖 12 个微晶，这远不足以创建均匀的德拜—谢乐环。若标准误差小于 1%，衍射微晶数量应超过 52 900 个，则微晶尺寸应小于 1 μm。影响微晶数量的因素有很多，多重性因子是其中的影响因素之一，对于立方晶系，多重性因子最高可达 48 个。因此，多重性因子对相含量定量分析的影响很大。

当某相含量很低时，微晶数量较少，因此粒度的影响更明显。衍射微晶的影响因素取决于辐射体积 V、微晶尺寸 D、堆积密度 ρ 以及微晶所取向的概率 P。

辐照体积 V 取决于衍射几何模式、样品类型和 X 射线吸收等因素：在反射几何模式中，辐照体积取决于光束宽度、光束长度、光束发散度和衍射角等，使用反射几何模式，增加光束发散角可覆盖更大样品，但大散射角也会降低峰值分辨率。辐照体积 V 还取决于 X 射线穿透样品的深度，而穿透深度取决于 X 射线辐射的吸收系数[21]：

$$t = \frac{3.2\rho\sin\theta}{\mu\rho'}$$
3-31

在式 3-31 中，μ 表示线性吸收系数，ρ 表示材料密度，ρ' 表示材料堆积密度，ρ'/ρ 可设置为 0.5。在使用反射几何模式时，改善微晶统计性和样品透明度是两个重要因素。

根据表 3.1 中的研究，当微晶尺寸小于 1 μm 时，微晶统计性误差会得到进一步的改善，但也会导致微晶尺寸和微观应变的宽化，衍射峰的宽化取决于仪器分辨率。微晶尺寸必须均匀小，当在小微晶中散布着大微晶时，即类似尘埃中存在岩石，因 X 射线衍射对微晶体积很敏感，大微晶将主导衍射效应，这会使衍射谱发生畸变，因此应尽量避免存在大微晶的情形。如果衍射仪配置 2D 探测器，这是分析样品的最佳方法；如果不具备 2D 探测器，可建议使用 φ 扫描，即将样品旋转特定的角度，如 0°、90°、180° 和 270° 处。对于理想情况，衍射图谱应完全重叠，因相对衍射强度时重要的反映结果，绝对强度略有差异也属于正常行为。

表 3.1　辐照体积 20 mm³ 体积中微晶尺寸的影响

微晶尺寸/μm	40	10	1
晶粒数量/20 mm³	5.97×10^5	3.82×10^7	3.82×10^{10}
衍射微晶数量	12	760	38 000

改善微晶统计性的另一种方法时增加处于衍射条件的微晶对探测器可见的概率 P，对于 1D 探测器，增加概率 P 时常规做法，这是由于探测器在特定入射束可同时观察到多个微晶取向，概率 P 随光束的发散而增加。尽管平行束的优

势有很多，但无法改变微晶统计性误差。

　　相对于反射几何模式，在毛细管传输几何中，微晶取向概率 P 要高得多，通过围绕垂直光束轴旋转样品，探测器可探测到的数量大大增加。当微晶尺寸小于 45 μm 时：以毛细管传输几何制样，可检测到均匀的德拜—谢乐环；在反射几何模式中以厚板纸样，德拜—谢乐环呈现颗粒状[21]。在实验室衍射仪中，反射几何也可采用旋转的模式来改善微晶统计性误差，现已作为商业衍射仪的标准附件。

第四章　X射线衍射仪

因具备直观分析结构信息，X射线衍射技术已成为材料表征的重要手段。从基础研究到工业质量控制，对材料表征的需求增加了衍射仪在仪器和应用方面的革命性进步，实验室X射线衍射仪的能力和应用范围呈现指数型的增长。

4.1　历史概览

4.1.1　胶片相机

在劳厄发现了劳厄定律以及布拉格父子发现了X射线对晶体结构分析的理论基础后，X射线衍射就此起源，这取决于胶片相机的发展，第一代相机由德拜—谢乐和赫尔独立开发[24-25]，可用于检测X射线，这种衍射几何模型也成为德拜—谢乐几何模式，即透射几何，但透射几何模型分辨率差。因标准X射线光管容易产生发散光束，逐步进化为聚焦几何，称为西曼—包林几何模式[26-27]。该几何模式不仅提升了分辨率，也提升了衍射强度。吉尼耶[28]采用入射单色器扩展了西曼—包林衍射几何，尽管单色器降低了X射线的强度，但通过改进光束条件得到补偿，不仅提升了分辨率而且消除了$K\alpha_2$，这也成就了吉尼耶相机。

由赫尔[29]提出，哈纳瓦特[30]改进，利用粉末衍射对纯相或混合物及逆行分析的想法，最终发展为多晶体衍射方法。虽然胶片相机为多晶衍射分析奠定了基础，但仅限于物相识别、半定量分析等，难以获得可靠的衍射强度，尤其是薄膜粒度和薄膜的非线性响应。

4.1.2　衍射仪

胶片相机存在两个缺陷：①检测效率低；②衍射强度定量分析不直接且繁

杂。上述缺陷使人们萌生利用光子计数器代替胶片的想法，并逐步开发了衍射仪[31]。在西曼—包林几何模式的基础上，发展了布拉格—布伦坦诺几何模式，即反射几何，在衍射仪开发上采用了聚焦几何。

1950年，第一台商用聚焦衍射仪器问世，这很大程度上归功于帕里什[32]。该设备因阳极X射线光管和机械测角仪而闻名，以反射几何模型运行，以盖革—缪勒计数器替代了胶片，随后被闪烁计数器和锂漂移硅探测器，从而能够以高分辨率记录衍射的强度和线轮廓形状。在衍射仪中，样品周围的大空间设计可为样品旋转和平移、样品自动更换和非环境分析提供各种平台，因此多晶衍射发现了超过物相识别的新功能，如相定量分析、微结构分析、织构等。

在接下来的几十年，多晶衍射仪实现了全自动、数字化以及在电子和机械上的稳定性。在数据质量方面：多晶衍射仪普遍优于胶片相机；在分辨率方面，多晶衍射仪促进了结构解析和精修。至此，反射衍射和透射几何模型主宰了衍射仪的市场，其中反射几何模式占据90％以上。

自1940年以来，衍射仪的结构和衍射模型几乎没有变化，但在X射线检测和X射线光学方面取得了显著进步。在探测器方面，基于正比计数管的一维和二维位置敏感探测器快速发展，尤其是扫描一维PSD[33]，利用一维PSD探测器可代替点探测器，可显著缩短记录衍射谱的时间，且不会影响分辨率，这也实现了非环境和高通量分析的应用。

在反射器中引入多层反射棱镜，即Göbel镜[34]，可将汇聚光束转化为平行光束，从未为实验室衍射仪新增一种光束模式，使X射线衍射的应用可扩展到薄膜表征领域，这也促进了德拜—谢乐几何模式的复兴。

4.1.3　平台概念

自20世纪90年代起，实验室开始着手全方位地表征材料，涉及多晶衍射、多晶薄膜和外延薄膜等，专用且不灵活的仪器不再适用于逐步扩大的需求。基于光束路径平台的概念，包括X射线源、光学器件、样品台和探测器，新一代衍射仪应运而生。允许用户改变光束路径从而转化应用的模式，扩展了衍射仪的应用范围及样品种类。

平台概念的贡献来自多层光束调节器的持续开发，可生产大量X射线光学器件，先进的溅射技术允许制造任意光束发散角的多层光学器件，用于为点聚焦和线聚焦生成聚焦、平行和发散的光束，平台的概念如此成功，以至于现在X射线衍射仪配备了光束路径组件的切换功能。然而，无论衍射仪多么先进，其基本原理保持不变，均可追溯到胶片相机和第一台衍射仪。

4.2 衍射平台

现代X射线衍射仪是基于平台概念高度模块化的组装系统，即在多种衍射仪上共享一组主要组件，可服务于X射线不同的领域。基于平台概念：①通用设计允许开发差异性仪器，构建全新或改进光束路径组件；②允许安装具备互换能力的光具座，允许安装选定的光束路径组件以满足特定应用。

4.2.1 衍射仪设计原则和衍射几何

在X射线衍射中，散射强度可由安装在距离样品一定距离处的探测器检测，如图4.1，其中一束单色窄X射线束照射到试样上：对于旋转的单晶体，散射光束指向空间中的离散方向；对于随机取向的理想粉末，衍射光束形成半顶角为2θ的德拜—谢乐锥。与单晶体相比，理想粉末需旋转即可获得完整的多晶衍射谱，因多数仪器是围绕样品建造，如图4.2所示安装位置：①X射线源；②入射光束光学；③测角仪底座或试样台；④衍射光束光学器件；⑤探测器。

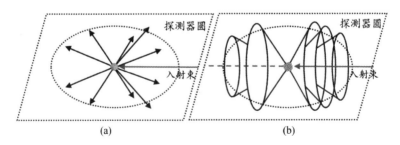

图4.1 旋转单晶（a）和理想多晶体（b）对X射线的散射（散射强度可在探测圆上检测）

入射和衍射X射线束，也称为初级和次级X射线束，两束X射线束所构成的平面，称为赤道平面或散射平面。测角仪底座可安装水平衍射平面或垂直衍

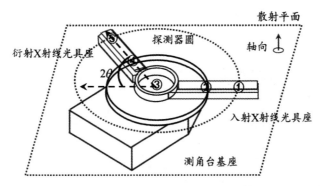

图 4.2　现代 X 射线衍射仪设计原理

射平面，垂直于赤道平面的方向称为轴向；探测器圆也称为测角仪圆或衍射仪圆，由固定探测器的中心定义，多数情况下，由围绕试样移动的探测器定义，与散射平面共面。图 4.1 中衍射光束与入射光束的夹角是 2θ，原则上，单晶和理想粉末衍射可通过相同仪器测试。

以样品为中心仪器设计的优势在于可兼顾反射几何和透射几何，两者的区别在于光束的发散度，因仪器几何模式是 X 射线光束传播的函数。如发散、平行或会聚，这使 X 射线光学器件成为衍射仪几何模式中的重要部分，图 4.3 揭示了衍射几何的转化。

反射几何模式可通过入射或衍射束单色器进行扩展，单色仪晶体焦点取代了 X 射线源的焦点，单色仪晶体沿入射光束光具座安装一定距离，由单色器晶体的焦长决定。可安装特定光学器件，旨在将 X 射线源发射的发散光束转化为聚焦模式或平行模式。

如图 4.3 中透射几何的聚焦模式，当焦长足够大时，X 射线源发出的发散光束可通过在探测器圆上的单色器或聚焦镜聚焦，从而采用透射模式进行测试。透射几何模式和反射几何模式的几何转化设计到单色器和 X 射线源沿入射光束光具座的移动。

对于透射几何平行光束设置，发散 X 射线源可通过不同方式实现，如准直器、反射镜或毛细管。原则上来讲，X 射线源和探测器可放置在距离样品的任意距离处，因为无聚焦要求，所以可在反射和透射模式下测量。

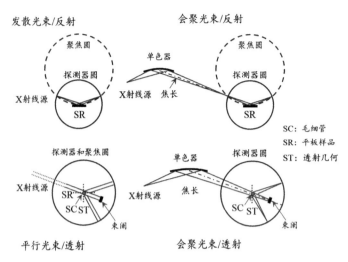

发散光束/反射　　　会聚光束/反射

SC: 毛细管
SR: 平板样品
ST: 透射几何

探测器和聚焦圆　　　探测器圆

平行光束/透射　　　会聚光束/透射

图 4.3　利用入射光具座实现反射和透射模式的转化示意图

反射几何与透射几何，平行光束、发散光束和会聚光束可通过重新定位 X 射线源以及调整光束发散角的 X 射线光学器件进行调节。为实现这一目标，入射光束和 X 射线衍射台可提供必要的预定义安装位置，以实现平移和旋转的自由度。

在衍射仪设计中，与衍射几何模式密切相关的是探测器的兼容性。与反射几何相比，尺寸较大的一维和二维探测器不能用于反射几何，这也是反射几何的重要限制（见图 4.4），其根本原因在于聚焦圆与探测器圆无法重合，衍射光束无法聚焦在测角仪的点上。当散射角不超过 10° 时，位置敏感探测器取得了显著成功，活动窗口可通过狭缝弱减到一点，从而可作位点探测器使用；当散射角约为 20° 时，如不要求高角精度和高分辨率，可忽略散焦。

4.2.2　X 射线衍射仪软硬件

X 射线衍射仪的显著特征是建立 X 射线束调节、试样取向以及衍射束、衍射几何模式和探测器相切的关系，仅有少数衍射仪同时适用于反射和透射几何模式。根据样品特征选择合适的衍射仪，具有挑战性。平台和 X 射线光具座可允许选用和安装合适的光学路径组件，以便针对特定功能优化仪器，表 4.1 中描述了潜在的光束路径组件。

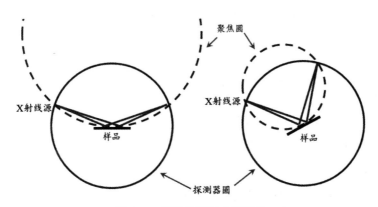

图 4.4 反射几何模式示意图

注：不同 2θ 角聚焦圆和试样表面相切，可由探测器圆和聚焦圆的交点获得。

在 X 衍射仪中，光具座长度不一，通常在 15～100 cm 范围内：对于较大的光具座，可安装大型组件，如目标靶向 X 射线源、大型探测器以及多个光学器件（反射棱镜和单色器等）。特定衍射器可允许安装两个入射或衍射 X 射线平台，可安装不同的光束路径，例如，不同波长和光束形状的 X 射线源、不同光束发散角的光学器件（反射和透射几何模式的切换）和不同类型的探测器。

表 4.1 中罗列了基于衍射平台的组合多样性，但实际上并非如此。光束路径组件必须与衍射几何模式相兼容，这取决于 X 射线源（点或线）、光束特征（波长分布、发散性）以及探测器类型（点、线或面），这会显著缩小组合范围。例如，许多单色器只能和反射棱镜只能与特定波长兼容；大型组件的尺寸和重量也是限制因素，如移动靶材 X 射线源、大型样品台和大型二维探测器；对于轻质组件，大多数光学器件、样品台和探测器的更换简单。

表 4.1 光束路径组件

位置 1	位置 2	位置 3		位置 5
X 射线源	X 射线光轴	测角仪基座	样品台	探测器
固定阳极靶材 旋转阳极靶材 液态金属射频	吸收组件 衍射组件 反射组件	垂直 水平	换样器 四圆测角仪 Kappa 台 x 轴倾转台 XYZ 平台	闪烁计数器 气体电离探测器 半导体探测器

衍射仪控制软件在仪器配置和自动化方面发挥着重要作用，在衍射仪中，光束路径组件均配备芯片识别技术，以便能识别相应组件并联系起来。这些信息范围可从零件编号、使用历史、对其信息以及相应物理数据，上述功能为实验室衍射仪提供了重要功能：

① 可自动检测、验证并配置光束路径，实现"即插即用"；

② 实时冲突检测，即检测不兼容、安装不正确或缺失仪器组件，也可帮助用户选择仪器组件；

③ 根据组件芯片中的信息，自动调整光束方向或光束比偏移；

④ 仪器信息与测试数据一并保存，能提供完整和准确的实验记录；

⑤ 权限分级，以便用户可以强制执行特定仪器配置。

基于平台的概念以及在硬件和软件上的巨大进步，实验室衍射仪的功能逐步扩展，不仅可令非专业人员使用，也能允许在同一台设备中构建不同配置，应用至不同的 X 射线领域。实验室衍射仪已克服了在历史上不同应用的分界线，即单晶衍射、多晶体衍射和薄膜分析间的分界线。

4.2.3　衍射仪应用范围

现代衍射仪的灵活性可令其应用于布拉格衍射外的各种散射技术（见表 4.2），如果配置得当，同一台衍射仪可用于收集 X 射线吸收（照相）和发射（荧光）数据，但数据质量无法于专用设备匹配。

对于 X 射成像技术，仪器将配置为透射几何模式，X 射线照射到样品上，可检测穿透试样 X 射线所展示出的对比度图示；对于断层扫描，X 射线源和探测器将移动以查看不在焦面上的机构，利用计算机可重构三维结构；X 射线成像技术的缺点是焦斑尺寸大。

收集 X 射线荧光数据相对简单，选择适当的探测器，如能量色散探测器，可将数据与 X 射线散射数据同时收集，但也存在一定缺点：①吸收问题，样品是在空气中测试而不是在真空中，妨碍了轻元素分析；②X 射线特征谱能量效率低，妨碍了原子序数高于靶材的元素分析。

表 4.2　X 射线衍射仪应用范围

X 射线散射	粉末衍射	物相鉴定、物相定量分析
		物相检索、结构确定、结构精修
		微观结构分析（织构、晶粒尺寸、应变、微观应变、无序及缺陷）
		原子对分布函数分析（全散射）
	薄膜分析	掠入射 X 射线衍射（GIXRD）
		X 射线反射仪
		应力及织构
		高分辨率 X 射线衍射
		倒易点阵映射
		平面 GIXRD
	单晶衍射	化学结晶学
		蛋白质结晶学
	小角 X 射线衍射	
	X 射线形貌学	
X 射线吸收	X 射线照相术	
X 射线发射	X 射线荧光	

4.3　测角仪设计

测角仪是一种测量角度并允许试样旋转到精确角度位置的装置。在衍射仪中测角仪是使 X 射线源、试样和探测器间的相对移动，测角仪通常根据 X 射线源、试样和探测器旋转的轴数进行分类，因此被称为 1、2、3……n 圆测角仪。出于实际情况的考量，多数测角仪均是由测角仪底座和样品台两部分组成，样品台可安装到测角仪底座上。

测角仪底座通常包含两个轴：其一用于旋转 X 射线源或样品台；其二用于旋转探测器。如无须移动 X 射线源和探测器的情况下，大型透射几何模式的仪器专用于特定应用，无须高度灵活性。根据应用要求，试样需额外的旋转和平移操作，涉及更多的旋转度。例如，X 射线衍射焦点的旋转和探测器在衍射平面外的旋转，需要测试垂直于晶格表面的测试，即非共面衍射。

4.3.1 几何约定和扫描模式

在根据约定[35]，扫描方式应该使用 $\omega-2\theta$ 和 $\omega-\theta$，而不是 $\theta-2\theta$ 和 $\theta-\theta$，使用 $\theta-2\theta$ 和 $\theta-\theta$ 主要是出于历史原因，第一台衍射仪采用反射几何模式，配备单轴测角仪，以 1∶2 或者 1∶1 机械偶合，也创造出 $\theta-2\theta$ 和 $\theta-\theta$ 扫描模式，而现代测角仪底座允许耦合 ω 和 θ，因此 $\omega-2\theta$ 和 $\omega-\theta$ 扫描模式是首选。

4.3.1.1 测角仪基座

典型测角仪提供两个同轴且独立驱动的 ω 和 2θ 轴，均垂直于衍射平面安装，ω 和 2θ 轴是测角仪的主轴，对布拉格家的准确度和精度影响最大。以右手笛卡尔坐标系定义衍射平面，如图 4.5 所示：入射光束沿 X_L 轴；Z_L 垂直于 Y_L 轴，与 ω 轴和 2θ 轴重合；X_L 轴和 Y_L 轴共同定义了探测器圆的衍射平面；因 X_L 轴与入射 X 射线束重合，X_L 也是德拜—谢乐锥的轴，半顶角可由布拉格方程确定，角度 2θ 和 γ 可用于描述散射矢量的方向。

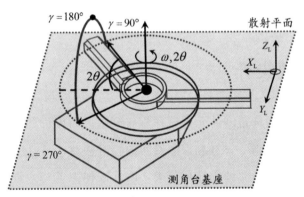

图 4.5 同轴测角仪 ω 和 2θ 定义，如果方位角收集 0 到 360°的所有值，衍射束形成德拜—谢乐锥

在机械排列上，ω 和 2θ 轴分别是内圆和外圆，内圆承载样品台或 X 射线源，探测器安装在外圆上，因此可使用两种测角仪配置：在 $\omega-2\theta$ 配置中，入射束固定，ω 轴旋转样品台，2θ 旋转探测器；在 $\omega-\theta$ 配置中，ω 轴旋转 X 射线源仪定位入射束，另一轴是探测器；在两者配置中 X 射线源、样品和探测器的相对位置固定。

测角仪方向由衍射平面定义，分水平和垂直两种。其中，$\omega-\theta$ 配置的垂直底座广受欢迎，其原因是样品保持水平，可有效防止跌落。当试样、光束路径组件较重时，测角仪底座设计和方向选择时间都需特别注意，两者对测角仪精度和早期磨损影响较大。如果负载超过垂直安装底座的最大规格，且样品无须水平定位时，应选择 $\omega-2\theta$ 配置。

扫描模式涉及 ω 轴和 2θ 轴以 1：2 比例耦合的 $\omega-2\theta$ 仪器配置（见图 4.6a）和以 1：1 耦合的 $\omega-\theta$ 仪器配置（见图 4.6b），但只允许探测近似平行于试样表面的晶格平面。在确定织构参数时，可通过在布拉格峰位周围摇摆样品或 X 射线源和探测器来执行摇摆曲线。需考虑两种情况，如图 4.6c 和 4.6d 所示，在固定 X 射线源的 $\omega-2\theta$ 的配置中（见图 4.6c），探测器将固定在选定的衍射角位置，同时独立地摇摆样品，以执行 ω-扫描。为固定样品，选择 $\omega-\theta$ 配置可实现相同的效果（见图 4.6d），X 射线源和探测器将以 -1：1 或 1：-1 耦合以执行顺时针或逆时针扫描，并保持衍射角 2θ。

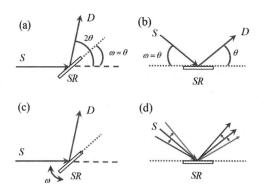

图 4.6　适用于反射和透射几何模式的测角仪配置及扫描模式

注：（a）$\omega-2\theta$ 对称光束设置；（b）$\omega-\theta$ 对称光束设置；（c）$\omega-2\theta$ 摇摆曲线设置；

（d）$\omega-\theta$ 摇摆曲线设置；S 表示 X 射线源，D 表示探测器，SR 表示平板试样。

在透射几何模式中，并没有几何约束来保证 2θ 的依赖性聚焦条件，这提供了高度的灵活性。试样可采用反射模式和透射模式进行测试，原则上入射光束相对于试样表面是任意的，是固定或可变的，而探测器执行扫描，ω 轴和 2θ 轴可选择耦合或不耦合，这取决于样品特征和应用要求。图 4.7 中展示了一些案例：图 4.7a 中毛细管样品的几何配置；毛细管样品也可更换为薄板（见图 4.7b）和厚板（见图 4.7c）；这些应用对执行 ω 轴和 2θ 轴的摇摆曲线非常有利，图 4.8 中所示的设置也适用于 X 射线散射和吸收技术，也促进了透射几何模式的复兴。

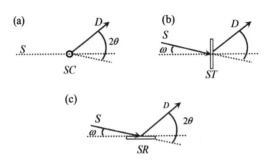

图 4.7　适用于反射几何的测角仪配置和扫描模式

注：（a）透射毛细管样品；（b）透射薄板样品；（c）反射平板样品；

S 表示 X 射线源、D 表示探测器，SR 表示平板试样；ST 表示薄板试样；SC 表示毛细管试样。

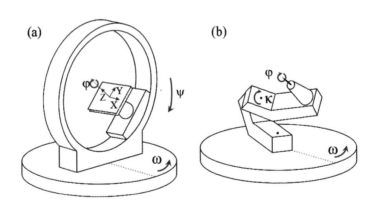

图 4.8　Eulerian 环（a）和 Kappa 环（b）示意

4.3.1.2　试样台

根据应用要求，试样台需为试样提供旋转和 XYZ 平移提供自由度，测角仪底座可配置 $\omega-2\theta$ 和 $\omega-\theta$，可垂直或水平定向。为达到在全空间中定位样品的目的，除了测角仪底座提供的 ω 轴和 2θ 轴，样品台可将提供两个旋转自由度，这种测角仪成为四轴衍射仪，试验台常用的几何模式有：①Eulerian 环；②kappa 臂。

在 Eulerian 环中，可通过 3 个欧拉角，即 ω、ψ 和 φ 来定位样品，对于典型的 Eulerian 环，如图 4.8a：ω 角定义为围绕 ω 轴或 Z_L 轴的右手旋转，该轴位于衍射平面内，且平行于入射光束和衍射光束的平分线；φ 角定义了围绕样品的左旋，通常是样品平面的法线方向，也存在使用 x 角代替 ψ 角，两者间的关系定义为 $x = 90°\text{-}\psi$，Eulerian 环机械稳定性高，与 XYZ 平台集成后可处理庞大的样品。

在 Kappa 臂中，Eularian 环中的 ψ 轴被取代，相对于衍射平面倾斜 50°，ψ 轴支撑携带试样的手臂，φ 轴可提供 50°到 κ 的倾斜角，可通过 φ 和 κ 的组合来实现欧拉旋转，获得$-100 \sim 100°$的欧拉角，欧拉摇摆环的缺失允许从上方畅通无阻地观察和操作样品，这使 Kappa 臂在单晶衍射中备受欢迎。

4.3.2 精确度和精度

布拉格角定位（测角仪底座）和试样定位（样品台）对测角仪的精度提出了特别高的要求，这些通常由测角仪基轴（ω，2θ）的角精度和样品在空间中的位置精度来表示。根据应用和实际仪器配置，对测角仪会提出额外要求，可能会限制衍射仪的准确度和精度：①安装笨重光路部件和样品；②可变测角仪半径，通常范围为 15～60 cm；③垂直测角仪操作，以防止样品从支架上掉落；这些要求会使得测角仪的准确度和精度产生影响。

现代衍射仪配备步进电机和光学编码器，具备终身润滑功能，可实现免维操作。测角仪基轴 ω 轴和 2θ 轴的精度是千分之几，试验台上 ψ 轴和 ϕ 轴用于定向试样，角精度和准确度近似为 0.01°；测角仪的误差是由所有轴叠加的结果，表示覆盖无限小样品在所有可能位置上的最小球形体积，球体大小取决于各轴的精度和准确度、机械公差、热膨胀系数以及样品和光束路径组件。配置 Kappa 臂的四轴测角仪通常小于 10 mm，而带有 Eulerian 环的四轴测角仪误差小于 50 mm，加载样品后，Kappa 壁和 Eulerian 环的误差会进一步增大。

多晶衍射谱中布拉格角的精度取决于仪器校正，而不是测角仪基轴的精度，光学编码器可用于测量并控制轴的位置，但无法检测到任何未对准的光路组件。

因此布拉格角度的精确取决于 X 射线衍射仪以及光束路径组件的可调性，现代衍射仪可达到优于 0.01°的角精度，适宜选用标准材料进行检查。

4.4 X 射线束源

本节内容涵盖 X 射线束的发生和调节，在 X 射线源上，无论是实验室衍射仪源还是同步辐射加速器源，都会产生具有特征发散度、强度以及功率负载相关的范围波长。根据所需波长、发散度、横截面尺寸和形状，入射和衍射光束 X 射线光学器件来调节发射光束，并尽可能地保存强度。为了在强度和角度分辨率上实现最大的性能，需涉及 X 射线光学器件，以匹配 X 射线源的特性。其中的重要参数是 X 射线源光束大小和形状，由其设计光学器件的接收角到 X 射线源的距离。

X 射线源和 X 射线光学器件的最佳选择始终取决于样品特性以及应用要求：对于需求高分辨率的样品，如小型单晶衍射、微衍射、低角度散射，需要平行且窄的光束；对于理想粉末衍射，需要束斑较大且略微发散的光束。由于 X 射线光学器件和 X 射线源共同决定的了 X 射线束斑特性，因此两者应视为一个元件，确定样品的最佳光束特性，最终确定探测器位置光束特性。

4.4.1 X 射线源的评价参量

衡量 X 射线束的参量在于强度、波长色散度、发散度、横截面积、均匀性和形状鞥，定量分析 X 射线束对选择 X 射线源和 X 射线光学器件的最佳组合，衡量 X 射线束的参量是通量、通量密度、亮度（Brightness）、闪耀度（Brilliance）以及以波长为中心的波长范围 $\Delta\lambda$。当波长带宽为 0.1%时，即 $\Delta\lambda$ 是 λ 的 1/1000，虽然通量、通量密度、亮度和闪耀度相关联，但截然不同，在对比 X 射线束特征时，均需考量这些参量：① 通量表示 X 射线束的积分强度，是单位时间内发射的 X 射线光子数，单位是光子/秒 p.p.s；② 通量密度是单位面积上的通量，但是光子/秒/平方毫米 p.p.s·mm^{-2}；通量密度是测量局部计数率的强度，俗称强度；③ 亮度考虑了光束散射角，定义为辐射锥单位立体角的通量单位是 p.p.s·$mrad^{-2}$，在对比焦点大小的 X 射线源时，亮度较为合适；④

闪耀度在亮度的基础上考虑到了光束尺寸，定义为每平方毫米上的亮度 p.p.s·mm^{-2}·$mrad^{-2}$，减低光束尺寸和发散角，可最大限度地提升闪耀度。

如果两 X 射线束的发散度不同，则两者的通量密度可以相同但亮度不同，因此在对比不同焦斑尺寸的 X 射线源时，闪耀度较为合适。

根据刘维尔定理，即相位空间守恒原则，X 射线源亮度是不变量，即 X 射线源的闪耀度不能通过任何光学技术提升，只能通过增加 X 射线的闪耀度。任何衍射和反射光学器件光束聚焦到更小尺寸，必然会增加 X 射线束的能量密度和发散度，相反，反射会损失能量密度，通常不高于 90%。狭缝等孔径可减少光束尺寸和发散度，但需以牺牲通量为代价。对于小样品实验，如单晶衍射或微区衍射，闪耀度更为重要，通常选择低散射角将光束设置为与样品大小相同的尺寸。对于大样品尺寸，如果衍射光束聚焦到更高的光束通量，相比于平行光束，衍射谱中的角分辨率会提升，但横截面过小会导致衍射微晶数量少，从而导致不可校正的强度误差，如粒子统计性误差、斑点误差和粒度误差。

4.4.2　X射线源

4.4.2.1　X射线的产生及 X 射线光谱

在实验室 X 射线光源中，X 射线是由电子束轰击金属靶材产生，其特征是宽频带的连续辐射且伴随着许多离散特征谱线：①连续部分称为轫致辐射，这是电子在目标材料的快速减速而产生的，范围从最低的减速能量到电子的初始能量；②特征谱线是电子从目标材料中轰击出核外电子的结果，当扰动的原子通过填充来自更高壳层的电子跃迁使被宏观电子的能级回到基态时，这会导致荧光 X 射线。荧光辐射的能量具有目标材料能级特征。最常用的特征辐射是 $K\alpha$ 辐射，是从 L 壳层 2p 到 K 壳层 1s 填充空穴的跃迁。

常用靶材如表 4.3 所示，靶材的选择与 X 射线源的类型相关，常用的阳极靶材有 Cr、Co、Cu、Ga、Mo 和 Ag，上述靶材为固体阳极材料，也存在液态金属靶材 Ga，Ga 主要用于小光斑尺寸和高亮度的应用。

表 4.3　常用金属靶材的特征辐射及相应的金属过滤器

阳极材料	$K\alpha_2$	$K\alpha_1$	$K\beta_3$	$K\beta_1$	金属过滤器	K 吸收边缘
Cr	2.2936510	2.28972600	2.0848810	2.0848810	V	2.2692110
Co	1.7928350	1.78899600	1.6208260	1.6208260	Fe	1.7436170
Cu	1.5444274	1.54059290	1.3922340	1.3922340	Ni	1.4881401
Ga	1.3440260	1.34012700	1.2083900	1.2079300		
Mo	0.7136070	0.70931715	0.6328870	0.6323030	Zr Nb	0.6889591 0.6531341
Ag	0.5638131	0.55942178	0.4976977	0.4970817	Rh Pd	0.5339086 0.5091212

4.4.2.2　X 射线源种类

X 射线源的性能可采用闪耀度来衡量，这也是评价 X 射线源质量的重要指标，X 射线源的闪耀度取决于电子功率密度和发散角。其中，电子功率密度是最重要的影响因素。仅小于1%的能量被转化为 X 射线，绝大部分能量以热量的形式在阳极靶材扩展。X 射线源的最大功率密度和亮度受到固态金属熔化和热态金属蒸发温度以及阳极靶材散射效率的限制。

仰角 α 表示观察焦点的角度，通常在 3°～7°之间，也可能高达 45°，具体参数取决于 X 射线源的类型。在仰角的选择上：一方面，仰角应尽量小，以使焦点尽量小，从而提升分辨率；另一方面，产生 X 射线辐射的深度有限，不能任意降低仰角，从而避免金属靶材的吸收作用。一般来说，X 射线光管的电压应尽量高，仰角应尽量大，以避免自吸收引起的强度损失。实验室 X 射线源的发展着重于降低金属靶材的散射技术，如图 4.9 所示，这导致实验室衍射仪首选固定靶材和旋转靶。

（1）固定靶 X 射线发生器

固定阳极 X 射线源在衍射仪装置中占据 90% 以上的市场份额，如图 4.9 所示：电子通过电子灯丝产生，并在 30～60 kV 的电压下加速朝向金属阳极；电子通过电磁透镜聚焦到阳极形成焦点，典型的额定功率可从几百瓦到 3000 kW，金属阳极在背面水冷；焦点呈矩形，可分长边或短边出光差，分别得到两条线

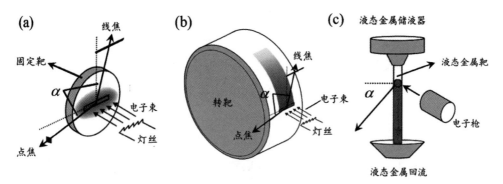

图 4.9　X 射线源工作原理图解：固定靶（a）、旋转靶（b）和液态金属射流（c）

焦和点焦点，这允许单 X 射线源连接至多四台衍射仪。然而，多数衍射仪单独配备了 X 射线源，有时也存在两个 X 射线源，这显著降低了对齐程序。

传统 X 射线的电子束长且宽，可用于加热大面积靶材，平行于表面的热流最小，因此也限制了冷却效率。正因如此，传统 X 射线源的亮度最低。传统 X 射线源与简单的光学器件相结合，价格便宜且无序维护，X 射线源会因老化而产生周期性的变化。微焦点 X 射线源代表另一类 X 射线源，其特点是焦斑尺寸小，可从 50 μm 到几毫米不等。电子束的改进聚焦是通过精细的静电透镜或电磁透镜实现的，功率明显小于传统的 X 射线源。功率从几瓦到几百瓦不等，具体取决于焦斑尺寸，通常无需水冷，除定期更换光管外，无序维护。当焦斑尺寸很小时，热量可侧向流动，从而提高了冷却效率。这导致微焦点 X 射线光管比传统 X 射线源闪耀度高，但需相对较大的反射型光学元件，这会使微焦点系统价格更昂贵。

（2）旋转靶 X 射线发生器

相对于固定靶源，旋转靶 X 射线源可有效散射，从而获得更高的 X 射线通量（见图 4.9b）。通常以 6000～12 000 r/min 的速度来冷却阳极靶材，阳极靶材的直径为 10～30 cm，最大功率负载取决于焦斑尺寸。对于旋转 X 射线源，最大功率可达 18 kW；对于微焦点转靶，最大功率可达 3 kW。与固定靶 X 射线源相比，旋转靶 X 射线源的闪耀度提高一个数量级，然而转靶需日常维护。例如，定期阳极翻新以及灯丝、轴承和密封件的干更换，因总功率负载较低，微焦点转靶明显低于传统的转靶系统。

液态靶 X 射线源是新一代微焦点 X 射线源（见图 4.9c），以液态金属 Ga 作为电子束靶材[36]，通过施加 200 bar 的背压，以超过 50 m/s 的速度将厚度为 $100\sim225\ \mu m$ 的液态金属注射到真空中，功率可达 200W，焦斑尺寸可降低至 6 μm，以 45° 的仰角光差焦点，通过耦合 Montel 光学组件可获得对称光束。液态靶 X 射线源阳极的理想材料应具备导电和低饱和蒸汽压，目前选用材料是 68.5%、21.5% 和 10% 的 Ga、In、Sn 共晶混合物，其熔点为 254 K，在室温下呈液态，金属 GaKα 的谱线能量是 9.25 keV，金属 In 和 Sn 的 Kα 的谱线能量分别是 24 keV 和 35.3 keV。相比于固态金属阳极，金属液态靶的电子功率密度得到明显提升，X 射线源的闪耀度提升一个数量级。

4.4.2.3　X射线源性能对比

闪耀度是 X 射线源的重要特性，与焦斑单位面积的载荷呈正比，表 4.4 中列出了密封管和靶阳极的最大载荷和比载荷（相对闪耀度），此外也罗列了液态金属 Ga 的数据。相比于传统靶材，微区焦点的相对闪耀度要高出两个数量级；与固定靶微区 X 射线源相比，缩小光源尺寸是增加负载比的位移手段，而旋转靶可增加电子的攻击速，从而获得更闪耀的光束，因此转靶 X 射线源比固定靶更闪耀，与旋转靶相比，液态金属阳极的比负载又提升了一个数量级，甚至可以与第二代同步辐射加速器相媲美。

表 4.4　固定靶和旋转靶 X 射线源的载荷对比

X 射线源	焦斑尺寸/mm^2	最大载荷/kW	功率载荷
固定靶			
广焦点（Cu）	2 * 10	3	0.15
正常焦点（Cu）	1 * 10	2.5	0.25
线焦点（Cu）	0.4 * 12	2.2	0.5
微区焦点（Cu）	0.01~0.05	<0.05	5~50
旋转靶			
旋转阳极（Cu）	0.5 * 10	18	3.6
	0.3 * 3	5.4	6
	0.2 * 2	3	7.5
	0.1 * 1	1.2	12

X射线源	焦斑尺寸/mm²	最大载荷/kW	功率载荷
微区旋转阳极（Cu）	0.1	2.7	27
液态靶（Ga）	0.02 * 0.02	0.2	＞500

4.5　X射线光学元件

X射线光学元件的目标是根据X射线波长、发散度、束斑横截面积和形状来调节X射线发射的组件，并应尽可能保留强度，实验室衍射仪的光学元件主要有吸收型、衍射型和反射型3类：吸收型和衍射型光学元件代表了光束的选择性调节技术，以消除部分光束实现特定的光束发散度；反射型光学元件会修改光束发散度，从而将全部光束引入样品或探测器。X射线源和光学器件组合是一项巨大的挑战，为了获得最佳质量，应选择合适的光束尺寸、波长色散、发散度等参量。

4.5.1　吸收性X射线光学器件

4.5.1.1　光阑

调节光束的最简单方法是将狭缝或针孔等光阑放置到入射或衍射光束中，以控制光束的发散度和性质，并减少空气或光路路径的散射。光阑不能增加光束的通量密度，减小光束发散度和光束尺寸会导致与光阑孔呈反比的强度损失，如图4.10所示，光束的发散度由焦斑尺寸和光阑到光源的距离决定。衍射平面上的发散度也称为赤道平面发散度，而轴向的发散称为轴向发散度，可采用插入式光阑，手动改变孔径即可获得不同的散射角，通常仅用于赤道平面的发散狭缝，可用于控制反射几何模式中赤道平面的发散度，并保持恒定的样品体积，可作为衍射角 2θ 的函数照射样品，典型孔径角的分布范围是 $0.1°\sim1°$。

为提供额外的准直，可将两光阑放置一定距离（见图4.10b），当光阑孔径相同时，以强度损失为代价，可获得近似平行的光束，第三个光阑可用于减少

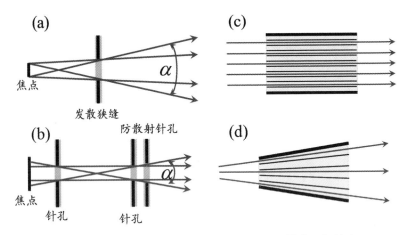

图 4.10 光阑示意图，(a) 单缝针孔；(b) 双缝或平行针孔；

(c) 平行板准直器；(d) 径向准直器

第二个光阑的散射，在小角 X 射线的衍射仪中，准直系统可超过 1 m。平行化准直的另一种方法是平行板准直器，是由多组平行、等间距的薄金属板构成（见图 4.10c），相邻金属板的工作模式与图 4.10b 的工作模式一致。与简单狭缝或针孔相比，平行板准直器会改变光束形状，平行于衍射平面的平行板准直器也称为索拉狭缝，用于控制轴向发散，用于控制聚焦和平行光束几何形状，典型孔径角在 1°~5° 之间，索拉狭缝可安装在入射和衍射光束中，平行于衍射平面排列的平行板准直器专用于控制平行几何形状，以最大限度地限制赤道光束，典型的孔径角在 0.1°~0.5° 之间。

当探测器是一维或二维时，调节衍射光束的方式将受到限制，相关的特殊问题是来自空气或光束路径组件中的散射。对于较小的探测器，可将防散射光阑放置在样品表面的位置或将刀刃放置在试样顶部，因刀刃可能会干扰角度的发散，有时需将其从高角度样品移开。当使用一维探测器时，可使用径向索拉狭缝（见图 4.10d）。

4.5.1.2 金属滤光片

金属滤光片是实验室 X 射线衍射仪中的常用单色器，金属滤光片是单带通设备，单色化原理是基于滤光片的 K 边缘吸收效应，允许 $K\alpha$ 透过，过滤韧致

辐射和 $K\beta$ 辐射。选择的滤光片通常位于 $K\alpha$ 和 $K\beta$ 之间的能量：根据经验，元素周期表中选择比 X 射线靶材元素序数大 1 的元素来实现；对于 Mo 和 Ag 等重靶材料，该规则可扩展至 2 个原子序数（见表 4.3）。

虽然金属滤光片缺点：①无法完全消除 $K\beta$ 辐射；②在衍射峰低角度一侧映入吸收边缘，吸收边缘的大小取决于 X 射线波长、滤光片材料及其厚度。对于零维探测器，吸收边缘通常被统计数据所掩盖；对于一维位置敏感探测器，因大量数据的收集，可被探测器检测到。金属滤光片在韧致辐射方面没有影响，在荧光方面存在显著影响。当试样中不含有滤光片金属元素时，将滤光片放置在衍射光束中可过滤一部分荧光辐射，以铜辐射为例，样品中被镍激发出的荧光辐射可通过衍射束镍过滤片进行过滤。

在探测器上施加能量区分，金属滤波片可有效去除来自 X 射线源的韧致辐射，而韧致辐射的去除程度取决于探测器的能量分辨率，硅基探测器的能量识别能力甚至允许过滤 $K\beta$ 辐射，这会消除对金属滤光片的需求，因此会降低金属滤光片的使用。另一种金属过滤器以吸收器（见图 4.11a）为主，在高强度下可避免探测器饱和甚至损坏，根据检测的计数率可实现电动开关（见图 4.11b）。

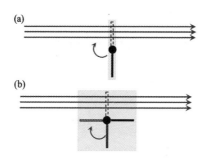

图 4.11　可切换吸收器（a）和旋转吸收器（b）示意图

4.5.2　衍射 X 射线光学器件

单晶体或强织构多晶体可通过修改光谱带宽以及 X 射线光束发散度以形成光束调节器。当特定晶体材料相对于入射和衍射光束以特定角度放置时，根据布拉格定律，入射光束的发散度和晶体的摇摆角（马赛克晶分布），只有部分光谱带宽会被传输，高阶谐波，即 $\lambda/2$、$\lambda/3$……也会发生衍射，可利用高阶因子材料以抑制高阶衍射。根据实际应用，晶体单色器既可作为光谱滤光片，作为单色仪，用于入射光束；也可作为角度滤光片，作为分析仪，应用于衍射光束以限制角度探测器。实验室 X 射线衍射仪基本采用反射几何和透射几何，而透射几何中单色器不起作用，反射几何中单色器可采用两种方式设计：①单反射型单色器；②多重反射型单色器。

4.5.2.1　单衍射型单色器

常见的单衍射型单色器如图 4.12 和图 4.13 所示：平面晶体（见图 4.12）可用于构建平行光束，弯曲晶体（见图 4.13）可用于构建聚焦光束。如果单色器呈平面状，单色器晶材料的晶面平行于表面时（见图 4.13a），衍射光束几乎平行；当单色器晶体材料的晶面与表面呈一定角度时，则衍射光束被扩展；如果光束衍非对称晶体反向入射，则光束被压缩[37]。如果单色器呈弯曲状[38]，可分为对称（见图 4.13a）和非对称（见图 4.13b）两种，非对单色器可为入射光束和衍射光束提供不同焦距的特殊优势，缩短的入射光束允许单色仪安装在更靠近 X 射线源的位置，以获取更大的立体角。如果衍射光束聚焦足够大，则可通过移动衍射光束单色仪和 X 射线源，进行反射几何和透射几何模式的切换。

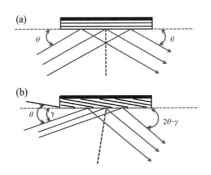

图 4.12　平面衍射型单色器示意图

注：（a）对称晶体；（b）非对称晶体。

单色器晶体的常用材料是锗和石英，两者微晶取向分布小，可用于分离 $K\alpha_1/K\alpha_2$ 辐射。与锗和石英晶体相比，石墨和氟化锂的微晶取向分布范围宽，反射率高，但不能用于消除 $K\alpha_2$。原则上说，单色器晶体可安装在入射光束和

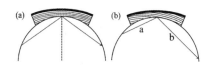

图 4.13　单衍射型单色器示意图

注：（a）对称切割晶体；（b）非对称切割晶体。

衍射光束中，但选择的依据仍取决于单色器用途。锗和石英单色器用于去除 $K\alpha_2$ 辐射，产生单组分 $K\alpha_1$ 辐射；石墨和和氟化锂可分别应用于聚焦模式和平行模式的衍射光束，以抑制荧光辐射；锗和石英也可用于衍射光束，但可能会影响探测器的放置，尤其是一维和二维探测器。由于一维和二维探测器系统的几何不兼容问题，限制了衍射光路中单色器的使用，然而随着硅带探测器识别能力的提升，对衍射光束单色仪的需求进一步降低。

4.5.2.2　多重衍射型单色器

相较于单衍射型单色器，多重衍射型单色器可显著降低波长的色散度 $\Delta\lambda/\lambda$，多重衍射单色器可由单开槽单晶体支撑，也称为通道切割单色器[39]。X 射线束在通道壁上由相同的晶格平面连续反射导致衍射强度显著降低，根据衍射次数，可分为两重衍射、三重衍射和四重衍射。对于 Cu 辐射，单色器可导致波长色散小于 $CuK\alpha_1$ 的展宽，最常用的晶体材料是锗，使用 400、220 或 440 晶面可获得比硅更高的强度，锗晶体可采用对称或非对称切割，表 4.5 中罗列了不同单色器的发散度和强度。

表 4.5　锗单色器发散角和强度对比

类型	晶面/hkl	发散角/°	强度
双重	220，对称	<0.0052	5.0×10^7（~1.5%）
双重	220，非对称	<0.0085	3.3×10^8（~10%）
双重	400，非对称	<0.0045	4.8×10^7（~1.5%）
四重	220，对称	<0.0035	6.5×10^7（~0.2%）
四重	220，非对称	<0.0080	2.7×10^7（~1%）
四重	440，对称	<0.0015	2.2×10^7（~0.075%）

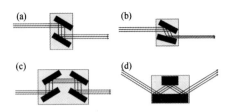

图 4.14　多重衍射型单色器示意图

（a）对称双重衍射型单色器；（b）非对称双重衍射型单色器；（c）非对称或非对称四重衍射型单色器；

（d）对称三重衍射型单色器。

在现代衍射仪中，切换单色器非常容易，且无须任何工具也无须校正，如在两重和四重衍射单色器件的切换。入射光束和衍射光束中不同类型单色器的组合可允许构建分辨率极高的衍射仪。实验室衍射仪与同步辐射光源可采用相同的光学配置，因 X 射线源通量低，而单色器会进一步降低通量。这种配置适用于分析单晶薄膜，无法用于分析理想多晶体材料。

4.5.3　反射 X 射线光学器件

4.5.3.1　多层发反射镜

多层反射镜是实验室衍射仪有效的调节器，在多层反射镜内部使用全反射和布拉格衍射来修改光束发散度、横截面尺寸形状和光谱带宽。多层反射镜是在平坦或弯曲基板上沉积多层涂层，成像由晶面轮廓决定，常见的轮廓包括平面、椭圆体、抛物面或抛物柱，光谱反射特性由涂层决定，是由 10～1000 层交替分布的高低密度反射层组成，周期为几纳米。当反射多面镜与平面、抛物线或者椭圆形轮廓相结合时，会产生发散、平行或聚焦光束，图 4.15 展示了渐变多层反射镜的平行和聚焦转变。

利用两相互垂直的曲面镜（见图 4.16），可以调节光束：在 Kirkpatrick-Baez 反射镜中[40]，两反射镜耦合较差，反射镜的固有角度、放大倍数和发散度不同会导致光源的通量降低；在 Montel 光学反射镜中[41]，并排设计改进了这一问题。

反射镜适用于实验室多晶衍射仪的特征波长，适用于反射层和间隔层的材

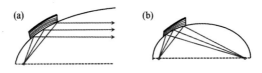

图 4.15 多层反射镜示意图

注：(a) 基于抛物面镜发散光束的平行化；(b) 基于椭圆镜发散光束的聚焦。

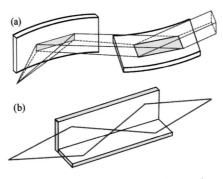

图 4.16 正交反射镜示意图

注：(a) Kirkpatrick-Baez 抛物面镜产生平行束；(b) Montel 并排椭圆镜产生聚焦光束。

料有 W/Si、W/B₄C、Ni/C、Ru/B₄C、Ti/B₄C、V/B₄C、Cr/B₄C 和 Mo/B₄C 等。双层材料可根据能量进行选择，使反射镜起到滤光片的功能。尽管反射镜并非严格意义上的单色器，但根据波长和所选材料，双层反射材料可抑制 K_{β} 和韧致辐射。溅射工艺的发展允许制造不同的多层光学器件，可产生任意发散角的聚焦、平行和发散光束，用于点聚焦和线聚焦应用。

如今，反射镜系统是平行束微区的必备元件，平行光束反射镜和多反射通道单色器的耦合使 X 射线源立体更宽，可在强度上实现两个强度上的增益。然而对于理想多晶体材料，微区太小、光束平行会导致衍射微晶的数量过少，从而引起粒子统计性误差，

4.5.3.2 毛细管

毛细管多用于微区聚焦，其利用空心玻璃管内的全反射来引导和重塑 X 射线辐射，X 射线入射以极低的损耗通过毛细管。传输效率取决于 X 射线能量、毛细管材料、表面光滑度、反射次数、毛细管内径以及入射光束的发散度等，

随着 X 射线能量的增加，全反射临界角减少，透射效率降低。毛细管光学元件作为能量过滤器的作用很小，因此毛细管须与金属滤光片、石墨单色器或者多层反射镜等单色器结合使用。相对于针孔系统，毛细管光学元件的通量密度可使通量密增加两个数量级。实验室常用的毛细管可分为单毛细管（见图 4.17）和多毛细管（见图 4.18）两种。

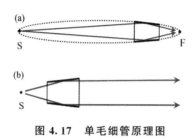

图 4.17　单毛细管原理图

注：（a）椭圆；（b）抛物线；S 表示光源，F 表示焦点。

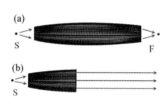

图 4.18　多重毛细管原理图

注：（a）聚焦光路；（b）平行光路，S 表示光源，F 表示焦点。

单毛细管由椭圆或者抛物面毛细管组成，用于单次或多次全反射聚焦或平行化 X 射线，其原理如图 4.17 所示，出射光束的发散与否与毛细管直径、长度以及全反射临界角控制，典型的束板范围内可从 20 mm 降低至 1 μm。单反射毛细管可用于消除色差，接近 100% 有效，不仅限制了光斑的图形误差，多重毛细管可获得最小的束斑点尺寸，与 X 射线源尺寸无关。

毛细管的缺陷是光束在尖端最小，为获得尽量小的束斑尺寸，样品须定位在尖端出口直径 10～100 倍的范围内；对于尖端出口直径为 1 μm 的毛细管，样品须定位在尖端出口叶径 10～100 μm 的范围内。多重毛细管[42] 是由数千到数百万个通道组成的微结构玻璃系统（图 4.18）。对于多次全反射：单通道毛细管可将能量为 8keV 的光束转向高达 30°；多重毛细管可收集立体角为 20°的 X 射线，从而实现高的强度增益。随X射线能量的降低，束斑尺寸会变大。

4.5.4　混合X射线光学器件

多用途衍射仪可将各种光学元件组合在各模块中，以消除重组合对准刚工作。这种组合光学通常通过电动控制，在不同光束路径件全自动切换，如衍射几何模式的切换或者高通量与高分辨的切换。如图 4.19 所示，通过组合光学可实现反射几何和透射几何件的切换，其中入射光束由可变狭缝和多层反射镜组成：当切换为可变狭缝时（见图4.19a），光束被可变狭缝阻挡；当可变狭缝平行于发散光束（见图4.19b），转动平行光束以阻挡发散光束。衍射光束组合由一组平行板准直器构成，两者间存在小间隙：当平行板准直器转向光束时，平行准直板的衍射线才能达到探测器；当准直器转动 90°时，准直器可充当可变狭缝，从而形成发散光束。

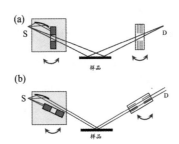

图 4.19　反射几何发散束（a）与透射几何平行束（b）切换的组合光学示意图

注：S表示X射线源，D表示探测器

4.6　X射线探测器

4.6.1　探测器特性参量

衡量X射线探测器特性的方法有多种，如量子效率、线性度、动态检测范围、能量分辨率、比例系数、大小和质量等。

对于特定探测器，每个X射线光子都存在可检测信号，且信号强度与光子数量呈正比。如果满足这两个要求，则称该探测器具有量子效率，即 DQE，可定义为输出信号和输入信号的平方比，以百分数表示。探测器的量子效率通常小于 100%，其原因在于探测器存在噪声且部分光子无法探测。因此，量子效率取决于探测器特性，如探测器窗口的透射率、计数率和死时间，并随 X 射线能量的变化而变化。

线性度决定了探测器的准确度，并取决于探测器检测与入射 X 光子的比率。在任何探测器中，将光子转化为电压秒冲均需一定时间、这与探测器的死时有关，而死时间也是影响量子效率的重要因素。当两光子到探测器的时间占死时间的较大比例时，会导致较高计数率情况下的强度损失。根据死时间分类，探测器可分为扩展型和非扩展型两种。非扩展性探测器在每次计数后，会休眠一定时间，期间可免受 X 射线光子数的影响，计数率的损失随光子的增加，但真实计数率可进行校正。在可扩展型探测器中，无法计算死时间内的第二个光子，但会将死时间延长到探测器无法收集的计数点（饱和点）。现代探测器可计算固定靶多晶衍射仪中 X 射线源的计数率；在薄膜衍射仪中，测试 X 射线源计数率需要衰减光束；精密仪器往往配备反馈系统，以避免探测器饱和。

探测器的动态检测范围可定义为可探测的最小计数率和最大计数率的范围，其中最小计数率可由探测器的固有噪声决定，最大计数率由死时决定。

能量分辨率是衡量探测器分辨光子能量的能力，能量分辨率通常以探测器的窗口能量 ΔE 为特征，单位是 eV，由探测器效率曲线的半峰宽做为能量函数来确定，探测器通常与特定的波长相关。能量分辨率的另一个重要参数是窗口能量与 X 射线束能量 E 的比例 $\Delta E / E$。

比例系数也是探测器电压脉冲与 X 射线能量的比例，可利用电压脉冲来区分不同能量，探测器比例系数的精度也是衡量 X 射线束的形式。比例系数过高或过低的光子，将被探测器去除。

大小和质量对探测器应用也有显著的影响：对于大型探测器，因碰撞问题，收集角度将会受到限制；对于中型探测器，倾向于选择水平测角仪，而不是垂直测角仪，以最大限度地减少测角仪负载。

X 射线探测器可分为计数探测器和集成探测器：对于计数探测器，能探测并计数单个光子，单位时间的脉冲计数与 X 射线通量呈正比；对于积分探测器，能积分探测器，并在给定时间内累计光子感应信号，并转化为模拟电信号，电信号的强弱与X射线的通量呈现正比。计数探测器和积分探测器各有优劣，计数探测器比积分探测器有更大的动态检测范围；而积分探测器比计数探测器有更高的空间分辨率。能量分辨率仅适用于计数探测器，积分探测器的噪声通常更高；而积分探测器不受光子计数率的限制，因没有死时间，测试时间短以避免饱和。

4.6.2　探测器类型

根据工作原理，计数探测器和积分探测器可进一步区分，以闪烁计数器、气体电离探测器和半导体探测器为代表，常用探测器类型和特性如表4.6和表4.7所示。20世纪80年代末期，探测器主要是闪烁计数器、气体电离探测器、硅（锂）探测器以及图相板探测器，其中闪烁计数器最常用；自20世纪90年代后期，因一维（1D）和二维（2D）探测器的引入，新型半导体探测器（硅微带和硅像素）和微间隙探测器在新衍射仪上占据了90%以上的市场份额，比例计数器和闪烁计数器已过时；如今，基于电荷耦合元件CCD的探测器也是如此，新推出的互补金属氧化物半导体CMOS探测器正在逐步占据市场。

表 4.6　X射线（8 keV）探测器典型值对比

典型值	闪烁计数器	正比探测器 （0D）	正比计数器 （1D 和 2D）	微间隙正比探测器 （1D/2D）
DQE（%）	~95	~95	~80	~80
动态检测范围	$>6 \times 10^6$	$>10^6$ cps	$>10^6$ (1D) $>10^6$ (2D)	$>8 \times 10^7$ (1D) $>10^9$ (2D)
全局最大计数率	$>6 \times 10^6$ cps	$>7.5 \times 10^5$ cps	$>10^5$ (1D) $>4 \times 10^4$ cps (2D)	$>8 \times 10^5$ (1D) $>1.6 \times 10^6$ cps (2D)
局部最大计数率	n/a	n/a	$>10^4$ (1D) $>4 \times 10^4$ cps/mm^2 (2D)	$>9 \times 10^5$ cps/mm^2 (1D/2D)
噪音	~0.3 cps	~1 cps	~1 cps (1D) $<5 \times 10^{-4}$ cps/mm^2 (2D)	<0.01 cps (1D) $<5 \times 10^{-4}$ cps/mm^2 (2D)
能量分辨率	~3500 eV (~45%)	~1600 eV (~20%)	~1600 eV (~20%)	~1600 eV (~20%)
探测模式	光子计数	光子计数	光子计数	光子计数

表 4.7 半导体探测器特性

特性	Si（Li）	微条探测器	像素检测器	CCD	CMOS
DQE	>98%	>98%	>98%	~20～60%	~75%
动态检测范围	>10^6	>7×10^6 cps/条	>8×10^9	>5×10^4	>1.6×10^4
全局最大计数率	>10^5 cps	>10^8 cps	>10^7 cps/mm^2	n/a	n/a
局部最大计数率	n/a	7×10^5 cps/条	>10^4/像素	n/a	n/a
噪音	~0.1 cps	~0.1 cps	~2.5×10^{-3} cps mm^{-2} (2D)	<0.1 cps/像素	<0.05 cps/像素
能量分辨率	~200 eV（~4%）	~1600 eV（~20%）	>1000 eV（~12.5%）	n/a	n/a
探测模式	光子计数	光子计数	光子计数	积分	积分

4.6.2.1 闪烁计数器

闪烁计数器是将闪烁晶体耦合到光电倍增管，闪烁晶体通常是掺杂约 1‰铊的碘化钠，即 NaI（Tl）。当 X 射线辐射照射到 NaI（Tl），可发射蓝光脉冲（~415 nm），并通过光电倍增光转化为电子信号并计数，产生的脉冲可作为光子计数，脉冲高度与 X 射线光子的能量呈正比，但能量分辨率较差。闪烁计数器具有相对较高的计数率以及适中的噪声水平，这会导致适中的动态检测范围，这是闪烁计数器备受青睐的原因，而闪烁计数器的缺点是 0D 探测器的限制。

4.6.2.2 气体电离探测器

现在应用的气体电离探测器是正比探测器，可覆盖 0D、1D 和 2D 类型，气体电离计数器附带充气室，正负电极间的电场不均匀渗透，可保持恒定的电位差，通常选用稀有气体 Ar 和 Xe 用作气体填充物体，并混合 CO_2 或 CH_4 作为淬灭气体，以限制放电。当 X 射线光子穿过混合气体时，可被惰性气体原子吸收，从而电子的喷射，如光电效应和康普顿反冲效应，电子在电场作用下加速朝向阳极运动，并随后由气体放大而引起雪崩效应，从而产生可记录的脉冲。脉冲高度与 X 射线光子的能量呈正比，并允许使用脉冲高度来实现中等分辨率。

（1）有线正比探测器

在 0D 正比探测器中，脉冲信号可在导线另一端进行测量；在 1D 和 2D 比例计数器，具有检测 X 射线光子位置信号的功能，可利用给定脉冲来确定光子位置。有线正比探测器计数率较低且信噪比低，这会低到中等的动态检测范围。

（2）微间隙正比探测器

因有线正比探测器在最大计数率上的限制，开发了微间隙正比探测器，微间隙正比探测器以平行板作用雪崩室，使阴极和电阻阳极分离，允许在电场强度增加的情况下实现非常小的方法间隙，同时还可以防止放电效应。相较于有线正比探测器，微间隙正比探测器的计数率要高出几个数量级，可提供 1D 和2D 类型的探测器，具有中等计数率和小噪声的动态检测范围。

4.6.2.3　半导体计数器

半导体探测器属于固态电离装置，入射光子进入后会产生电子—空穴对，电子空穴对对从可见光到 X 射线的整个电磁光谱非常敏感。与气体电离探测所需能量相比，产生电子—空穴对的能量非常低。这导致半导体探测器产生的大量数据变化可转化为较小的电荷对，从而提升了半导体探测器的能量分辨率。半导体材料吸收率高，因此半导体探测器的效率非常高，通常可达 100%。

（1）硅（锂）探测器

硅（锂）探测器由锂漂移的晶体硅组成，需进行冷却以防止锂扩散并减少暗噪声，其优势在于能量分辨率，对于 8 keV 的铜辐射，能量分辨率优于 200 eV，低于 4%。这样可有效过滤 $K\beta$ 和荧光辐射，因此无需使用金属滤光片或者衍射光束单色器。因半导体制冷技术的发展，硅（锂）探测器经常用于高能量分辨率的应用。这与低温运行能量色散型的锗（锂）不同，硅（锂）探测器允许应用在能量色散的多晶衍射中，这也扩展了 X 射线衍射仪的应用范围。硅锂探测器另一缺点是 0D 探测器的限制。

（2）硅微带和硅像素探测器

硅微带和硅像素探测器以硅传感器为基础，分别以条带或像素的形式连接成 1D 或 2Dp-n 二级管阵列，这类探测器由大规模并行概念所驱动，每条微带或像素是单独的探测器，因此微带和像素探测器分别对应于 1D 和 2D 探测器。硅微带和硅像素探测器的计数率非常高，而噪声水平很低，因此动态检测范围非常大。多数硅微带和硅像素探测器的能量分辨率约为 1.6 keV，对于能量为 8 keV 的铜辐射，约占 20%。目前，对于铜辐射，硅微带探测器[43] 的能量分辨率可达 380 eV，Cu K_β 可被过滤到检测限以下，而锰、铁和钴的荧光效应可完全过滤，这意味着配置该探测器的衍射仪无须配置金属滤光片或衍射单色仪。

（3）CCD 和 CMOS 探测器

电荷耦合器件（CCD）是由金属氧化物半导体矩形像素构成的 1D 或 2D 阵列，可直接或间接地检测 X 射线光子，像素大小可小于 10 μm。大多数 CCD 探测器使用间接探测，X 射线光子可通过磷光层转化为可见光，CCD 探测器可通过调整像素栅电极上的偏压直至完成输出，电荷以此移动一个像素，这会导致较长的读取时间，从几十毫秒到几秒不等，通过冷却，可有效降低暗电流噪声。在特定设计中，缩小光纤可有效增加探测器的面积，但会牺牲探测器的灵敏度和空间分辨率。CCD 通常作为积分探测器，没有死时间，在中等动态范围内具有出色的线性度，CCD 探测器是单晶衍射的首选探测器；而因暗电流相对较大，CCD 探测器不适用于信号弱的应用，如多晶 X 射线衍射。

与 CCD 探测器的读取方式不同，互补金属氧化物半导体 CMOS 探测器[44]则使用完全不同的构架，每个像素均包含前置放大器，然后通过总线随机放置在存储介质中，CMOS 探测器无须额外的冷却，也不受光晕效应的影响，此外 CMOS 探测器具有无快门操作的优势，即在死时间内连续扫描，可有效提供收集效率，也能降低因开门抖动而引起的质量降低。因此，CMOS 正逐步应用于高端领域，如数码相机和高清电视。

4.6.3　空间灵敏度和扫描模式

4.6.3.1　像素、空间分辨率和角分辨率

空间灵敏度是 1D 和 2D 探测器的重要特征，着重在于像素大小和空间分辨率。空间光电探测器 PSD 的像素电由探测器的组件大小表示，如二极管的实际尺寸或有线正比探测器的读出装置，空间分辨率由实际像素大小、X 射线撞击后成像的概率密度和视差决定。如果光子与探测器呈一定角度，视差会导致额外的拖尾，探测器的最终角分辨率和空间分辨率可由试样到探测器的距离得出。

0D 探测器并不提供空间上的灵敏度，空间分辨率由实际像素点的大小、测角仪补偿以及探测的狭缝决定。探测器可在固定 2θ 下扫描，步长通常由像素决

定。使用小于分辨率的角步长进行扫描，可进行精细测试。这样可有效改善峰形轮廓，根据经验，在衍射峰半峰宽上采集5～8个数据点，以便更好地描述衍射峰轮廓。

4.6.3.2　维度

2D探测器可作为1D和0D探测器使用，将像素电子组合成列，则构成1D探测器，将所有像素组合在一起，则构成0D探测器器，探测器的计数率和动态检测范围也因此相关联。1D探测器可作为0D探测器使用，可关闭外部像素连接或者将探测器旋转90°，旋转提高计数率和动态检测范围。当探测器旋转90°时，如果在另一个角度范围内扫描，可起到2D探测器的功能，扫描迹线将形成圆柱体表面，这是2D图像。除较低的成本外，这种扫描方式也能起到消除视差和提供2θ角分辨率的作用。

4.6.3.3　尺寸和形状

光电探测器PSD具有不同的尺寸和形状可供选择，如1D和2D平面结构、1D曲面结构、2D柱面结构和2D球面结构。曲面结构、柱面结构和球面结构可用于平行光束几何模式，具有固定的样品—探测器距离，因2θ依赖聚焦圆，通常不能用于反射几何模式。平面探测器可用于不同的样品—探测器距离：在远距离下，角分辨率高；在近距离下，角度覆盖范围内大。对于大型平面探测器，视差是不容忽视的问题；小型平面探测器可用于反射几何模式，但角度范围不应超过10°，以最大限度地避免散焦。

第五章　布拉格方程

在物理学中，布拉格方程给出晶格的相干和非相干散射角度，当 X 射线入射到原子时，跟其他电子波一样，会使电子云移动，电荷的运动使 X 射线以同频率发射出去，这种现象称为瑞利散射或弹性散射。虽然散射后的波仍可以继续散射，但这次次级散射往往可忽略。当 X 射线与不成对电子的相干自旋相互作用时，会发生干涉过程，可能是相长干涉，也可能是相消干涉，在探测器或底片上会产生衍射花样（图谱），所产生的干涉花样（图谱）是衍射分析的基本部分，这种解析称为布拉格衍射。

布拉格方程，由威廉·劳伦斯·布拉格及威廉·亨利·布拉格提出。多晶体在反射 X 射线后，在特定衍射角会出现尖峰（见图 5.1），即布拉格衍射峰，布拉格方程决定了 X 射线衍射在衍射谱中的角度（2θ）位置，即布拉格峰位。本节介绍布拉格方程的推导，即晶面反射、倒易点阵和劳厄方程，布拉格方程也适用于中子衍射和电子衍射。

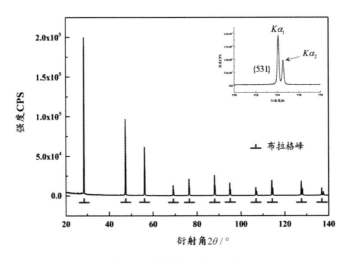

图 5.1　布拉格峰位示意图

5.1 布拉格方程的推导

5.1.1 布拉格方程—晶面反射

布拉格方程是理解多晶衍射的最简单方法，也是历史上描述衍射的重要方法之一。为理解晶面的概念，假设晶格是有 3D 周期点阵组成，例如，立方体堆叠的每一层均是托盘的特定平面，称为晶面。晶面往往不止一个，因存在等价性和周期性，存在不同晶面（见图 5.2）。

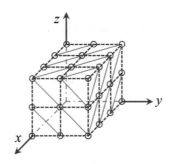

图 5.2 立方晶格中一组平行（111）晶面示意图

在晶格中，存在数量无限的晶面，可用指数 hkl 表示晶面，称为米勒指数。其中，hkl 均为整数，晶面间距由 d_{hkl} 表示。当 h、k 和 l 没有除 1 以外的公约数时，这些晶面称为低阶晶面，低阶晶面具有最大的晶面间距，依据晶格的对称性，米勒指数与晶面间距存在直接关系。

5.1.1.1 简化推导

图 5.3 揭示了布拉格方程对晶面的要求。由图 5-2 可知，从下晶面反射波的路径比上晶面传播距离更长，反射前为 PN，反射后为 NQ。当 PN 和 NQ 之和为波长 λ 的整数倍时（式 5-1），两束波同相位，发生相长干涉；当 PN 和 NQ 之和不等于波长 λ 的整数倍时，两束波发生相消干涉，当 PN 和 NQ 之和满足式 5-2 时，两束波间的相消干涉最为显著。

$$\Delta = |PN| + |NQ| = n\lambda \qquad\qquad 5\text{-}1$$

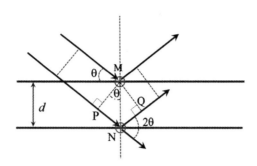

图 5.3　布拉格方程的简化示意图

$$p\Delta = n\lambda + \frac{1}{2} \qquad\qquad 5\text{-}2$$

当一束 X 射线照射到晶体样品上时，散射 X 射线强度仅在布拉格方程成立的角度可见，在其他衍射峰位并没观测到衍射强度，请注意，布拉格方程仅是出现衍射强度的充分非必要条件。如图 5.3 所示，几何上满足式 5-3，其中 d 表示晶面间距；2θ 表示衍射角，是入射束与衍射束的夹角；θ 表示布拉格角。结合式 5-1、式 5-3，可得式 5-4，即布拉格公式[16]。

$$\Delta = 2d\sin\theta \qquad\qquad 5\text{-}3$$

$$n\lambda = 2d\sin\theta \qquad\qquad 5\text{-}4$$

5.1.1.2　一般推导

布拉格方程的简化推导经常出现，尽管简化推导得到了正确的布拉格方程，但存在明显缺陷，即 X 射线并不会被晶面所散射，而是被原子中的电子所散射。晶体内的晶面与光学物理中的镜面不同，由离散原子堆积而成，原子间电子云密得多。一般来说，晶面中的原子并不会恰好位于上层原子之下（见图 5.3）。那么，这样简化推导是否可以得到正确的结论？对于更一般的原子堆积，如图 5.4 所示的移动任意量，布拉格方程是否也成立呢？

如图 5.4 所示，下层原子与下层原子的相位差（式 5-5）：

$$n\lambda = MN\cos[180° - (\alpha + \theta)] + MN\cos(\alpha - \theta)$$
$$n\lambda = MN[-\cos(\alpha + \theta) + \cos(\alpha - \theta)] \qquad\qquad 5\text{-}5$$

利用恒等变换（式 5-6）：

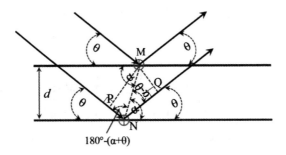

图 5.4 布拉格方程的一般示意图

$$\cos(\alpha + \theta) = \cos\alpha\cos\theta - \sin\alpha\sin\theta$$
$$\cos(\alpha - \theta) = \cos\alpha\cos\theta + \sin\alpha\sin\theta$$

5-6

式 5-5 可转化为：

$$n\lambda = MN(2\sin\alpha\sin\theta)$$

5-7

基于图 5.4，可简单地构建出式 5-8，结合式 5-7 与式 5-8，即可推导出布拉格方程（式 5-4）。

$$d = MN\sin\alpha$$

5-8

布拉格方程适用于结构分析地辐射或粒子，如 X 射线、中子和电子，对于 X 射线，布拉格方程的等效形式如式 5-9 所示。其中 E 表示 X 射线的能量，单位是 keV；λ 表示 X 射线的波长，单位是 nm。

$$Ed = \frac{6.199}{\sin\theta} \text{ 且 } \lambda = \frac{12.398}{E}$$

5-9

根据布拉格方程所述，在晶体中以特定方向入射 X 射线束，探测器可在对应位置探测到离散分布的 X 射线斑。这些布拉格光斑与晶面族 $\{hkl\}$ 存在对应关系，即布拉格光斑可标记为由等价米勒指数构成的晶面族 $\{hkl\}$。

以空间轴的倒数长度为单位，可构建倒易空间。在倒易空间中，参考坐标系由一组基矢量定义，基矢量方向垂直于（100）、（010）和（100）晶面。这些倒易空间中的格对应整空间中的晶面，根据布拉格方程所允许晶面对应的倒易格点形成的点集，称为倒易晶格。

为推导布拉格方程，晶面反射是基本假设，而 X 射线衍射实验也证明了这一假设。对于晶体材料，相消干涉消除布拉格方程以外的所有散射强度。严格来讲，相消干涉仅适用于晶体无限大，入射束穿透晶体时并不会损失强度。虽然这种近似不是很恰当，但在实践中应用不错。即使对于低能 X 射线束，如果仅穿透晶体材料的厚度为 1 μm，仍可探测 10 000 个原子层。

如果材料中存在缺陷和无序情况，那么无限大晶体的近似并不恰当，布拉格衍射峰的位置、宽度和性质均发生了变化，在原理布拉格点阵的分量可观察到衍射强度的附加分量，称为漫散射。

5.1.2　布拉格方程—倒易点阵

倒易点阵是晶体学家描述晶体衍射物理的常用表示方法，也是描述各种衍射现象的有利工具，倒易点阵也可用于推导布拉格方程。

晶胞点阵具有 a、b 和 c 的点阵矢量，对应长度分别为 a、b 和 c，矢量 a 和 b 的夹角是 γ，矢量 a 和 c 的夹角是 β，矢量 b 和 c 的夹角是 α，晶胞体积为 V。倒易晶胞参数为 a^*、b^*、c^*、α^*、β^* 和 γ^*，倒易晶胞体积为 V^*，如倒易点阵图 5.5 所示，晶胞点阵和倒易点阵的关系如式 5-10：

$$a \cdot b^* = a \cdot c^* = b \cdot c^* = a^* \cdot b = a^* \cdot c = b^* \cdot c = 0$$

$$a \cdot a^* = b \cdot b^* = c \cdot c^* = 1$$

5-10

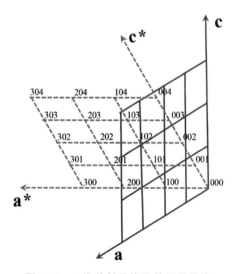

图 5.5　二维单斜晶格及其倒易晶格

倒易点阵中的格点与晶面法线的矢量有关，每组（hkl）晶面均对应倒易点阵中的格点，距离由 d_{hkl} 表示，用于表述倒易晶格中的点，倒易矢量 $\boldsymbol{h}_{hkl}$ 是从倒易原点到倒易格点（hkl）的矢量。

$$\boldsymbol{h}_{hkl} = h\boldsymbol{a}^* + k\boldsymbol{b}^* + l\boldsymbol{c}^*, \quad h, k, l \in Z \qquad 5\text{-}11$$

在式 5-11 中，h、k、l 均为整数。

倒易矢量的模长可依据式 5-12 计算：

$$\mathbf{a}^* = x(\mathbf{b} \times \mathbf{c}) \qquad 5\text{-}12$$

式 5-12 中的比例因子 x 如式 5-13：

$$\mathbf{a}^* \cdot \mathbf{a} = x(\mathbf{b} \times \mathbf{c} \cdot \mathbf{a}) = xV \rightarrow x = \frac{1}{V} \qquad 5\text{-}13$$

利用式 5-13，正空间和倒易空间的数学关系：

$$\mathbf{a}^* = \frac{1}{V}(\mathbf{b} \times \mathbf{c}), \ \mathbf{b}^* = \frac{1}{V}(\mathbf{c} \times \mathbf{a}), \ \mathbf{c}^* = \frac{1}{V}(\mathbf{a} \times \mathbf{b}) \qquad 5\text{-}14$$

$$\mathbf{a} = \frac{1}{V^*}(\mathbf{b}^* \times \mathbf{c}^*), \ \mathbf{b} = \frac{1}{V^*}(\mathbf{c}^* \times \mathbf{a}^*), \ \mathbf{c} = \frac{1}{V^*}(\mathbf{a}^* \times \mathbf{b}^*) \qquad 5\text{-}15$$

式 5-16 是描述正空间和倒易空间的通用表达式，对于高对称性的晶胞，如立方晶系、四方晶系、六方晶系、三方晶系和正交晶体等，正空间和倒易空概念的转化关系可进一步简化。

$$\mathrm{a}^* = \frac{bc \sin\alpha}{V}$$

$$\mathrm{b}^* = \frac{ac \sin\beta}{V}$$

$$\mathrm{c}^* = \frac{ab \sin\gamma}{V}$$

$$\cos\alpha^* = \frac{\cos\beta \cos\gamma - \cos\alpha}{\sin\beta \sin\gamma} \qquad 5\text{-}16$$

$$\cos\beta^* = \frac{\cos\alpha \cos\gamma - \cos\beta}{\sin\alpha \sin\gamma}$$

$$\cos\gamma^* = \frac{\cos\alpha \cos\beta - \cos\gamma}{\sin\alpha \sin\beta}$$

$$V = abc\sqrt{1 + 2\cos\alpha \cos\beta \cos\gamma - \cos^2\alpha - \cos^2\beta - \cos^2\gamma}$$

如图 5.6 所示，入射束波矢由 s_0 表示，散射波矢量由 s 表示，它们指明波的传播方向，波矢的模取决于波长 λ。对于弹性散射，入射波矢 s_0 和散射波矢 s 的模长相等，散射矢量 $\mathbf{H}$ 可利用入射波矢 s_0 和散射波矢 s 获得：

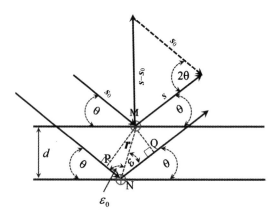

图 5.6　布拉格弹性散射条件下入射波矢和散射波矢示意图

$$\mathbf{H} = s - s_0 \qquad\qquad 5\text{-}17$$

衍射总是垂直于散射晶面，散射矢量 $\mathbf{H}$ 的模长：

$$\frac{\mathbf{H}}{s} = 2\sin\theta \qquad\qquad 5\text{-}18$$

与布拉格方程对比，可获得：

$$\frac{n\lambda}{d} = 2\sin\theta \qquad\qquad 5\text{-}19$$

结合式 5-18 和式 5-19，可得：

$$\frac{n\lambda}{d} = \frac{\mathbf{H}}{s} \qquad\qquad 5\text{-}20$$

将入射波矢的模长设置为 $1/\lambda$，可根据散射矢量的模长 H（式 5-21），当散射矢量的模长等于晶面间距 $1/d$ 的整数倍时，会发生衍射，定义垂直于晶面、长度为 $1/d$ 的倒易矢量 $\mathbf{d}^*$，由于矢量 $\mathbf{H}$ 垂直于散射平面，这会得到式 5-22：

$$H = \frac{n}{d} \qquad\qquad 5\text{-}21$$

$$\mathbf{H} = n\mathbf{d}^* \qquad\qquad 5\text{-}22$$

对于同一组晶面，衍射可发生在不同的散射角 2θ，展示出不同的衍射级数

n，简单起见，数字 n 可包含在晶面指数中，即：

$$d^{*}_{nh,\,nk,\,nl}=nd^{*}_{hkl} \qquad 5\text{-}23$$

例如，$d^{*}_{222}=2d^{*}_{111}$，于是可获得布拉格方程的另一种形式：

$$\boldsymbol{H}=\boldsymbol{d}^{*}_{hkl} \qquad 5\text{-}24$$

倒易空间中矢量 $\mathbf{d}^{*}_{hkl}$ 的方向垂直于正空间中的晶面，那么如何利用倒易基矢 $\mathbf{a}^{*}$、$\mathbf{b}^{*}$ 和 $\mathbf{c}^{*}$ 计算倒易矢量 $\boldsymbol{d}^{*}_{hkl}$ 呢？

首先基于正空间基矢 $\mathbf{a}$、$\mathbf{b}$ 和 $\mathbf{c}$ 定义 d_{hkl}，如图 5.7 所示，并获得相应的公式：

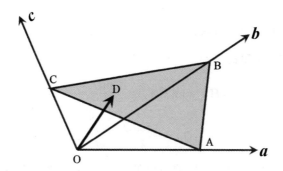

图 5.7 正空间中晶面基矢的几何示意图，OD 垂直于平面 ABC

$$\mathbf{OA}=\frac{1}{h}\mathbf{a},\ \ \mathbf{OB}=\frac{1}{h}\mathbf{b},\ \ \mathbf{OC}=\frac{1}{h}\mathbf{c} \qquad 5\text{-}25$$

根据周期性晶格点阵的要求，h、k 和 l 是整数，晶面法向矢量 d_{hkl} 起源于一个晶面，终止于下一个平行晶面，因此可获得 $\mathbf{OA}\cdot\mathbf{d}=(\mathrm{OA})\,d\cos\alpha$（见图 5.7），结合式 5-25，可获得：

$$\frac{1}{h}\mathbf{a}\cdot\mathbf{d}=d^{2} \qquad 5\text{-}26$$

$$h=\mathbf{a}\cdot\frac{\mathbf{d}}{d^{2}},\ \ \mathrm{k}=\mathbf{b}\cdot\frac{\mathbf{d}}{d^{2}},\ \ l=\mathbf{c}\cdot\frac{\mathbf{d}}{d^{2}} \qquad 5\text{-}27$$

根据定义，h、k 和 l 除以三者得最大公约数后可得到晶面米勒指数，根据布拉格方程（式 5-24），晶面倒易矢量 $\boldsymbol{d}^{*}_{hkl}$ 与晶面法向矢量 $\boldsymbol{d}$ 一致，长度等于 $1/d$，于是可得式 5-28 和式 5-29：

$$\boldsymbol{d}_{hkl}=\frac{\boldsymbol{d}}{d^{2}} \qquad 5\text{-}28$$

$$d_{hkl} = \frac{\mathbf{d}_{hkl}}{d^2} = h\mathbf{a} + k\mathbf{b} + l\mathbf{c} \qquad 5\text{-}29$$

式 5-28 和式 5-29 在倒易空间中的形式如：

$$\boldsymbol{d}_{hkl}^{*} = h\mathbf{a}* + k\mathbf{b}* + l\mathbf{c}* \qquad 5\text{-}30$$

基于式 5-30，可得：

$$d_{hkl}^{*} \cdot \mathbf{a}^{*} = h\mathbf{a} \cdot \mathbf{a}^{*} + k\mathbf{b} \cdot \mathbf{a}^{*} + l\mathbf{c} \cdot \mathbf{a}^{*} = h$$

$$d_{hkl}^{*} \cdot \mathbf{b}^{*} = h\mathbf{a} \cdot \mathbf{b}^{*} + k\mathbf{b} \cdot \mathbf{b}^{*} + l\mathbf{c} \cdot \mathbf{b}^{*} = k \qquad 5\text{-}31$$

$$d_{hkl}^{*} \cdot \mathbf{c}^{*} = h\mathbf{a} \cdot \mathbf{c}^{*} + k\mathbf{b} \cdot \mathbf{c}^{*} + l\mathbf{c} \cdot \mathbf{c}^{*} = l$$

$$\boldsymbol{H} = \boldsymbol{H}_{hkl} \qquad 5\text{-}32$$

对式 5-11 和式 5-30，可以法线矢量 $\boldsymbol{d}_{hkl}^{*}$ 与倒易矢量 $\boldsymbol{H}_{hkl}$ 一致，布拉格方程的等效公式如式 5-33 和式 5-34：

$$|\boldsymbol{H}| = |\boldsymbol{s} - \boldsymbol{s}_0| = \frac{2\sin\theta}{\lambda} = \frac{1}{d} \qquad 5\text{-}33$$

$$|\boldsymbol{Q}| = \frac{4\pi\sin\theta}{\lambda} = \frac{2\lambda}{d} \qquad 5\text{-}34$$

在式 5-34 中，物理学家使用的衍射矢量 $\boldsymbol{Q}$ 与晶体学者使用的衍射矢量 $\boldsymbol{H}$ 相差因子 2π，衍射矢量 $\boldsymbol{Q}$ 表示散射所传递的动量。

5.1.3　布拉格方程—劳厄方程

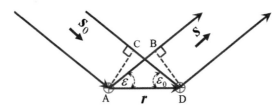

图 5.8　散射源 A 和 D（间距为 r）对 X 射线的散射

冯·劳厄是 X 射线衍射的发现者，并提出了劳厄方程[15]，通过计算间距矢量 r 的相位差。X 射线经散射源 A 和 D 散射后，两散射波间的路径差是：

$$\Delta = r\cos\varepsilon - r\cos\varepsilon_0 \qquad 5\text{-}35$$

根据式 5-35，可计算由路径差引起的相位差：

$$\varphi = 2\pi \frac{\Delta}{\lambda} = 2\pi(\frac{r}{\lambda}\cos\varepsilon - \frac{r}{\lambda}\cos\varepsilon_0) \qquad 5\text{-}36$$

在式 5-36 中，括号中部分可重写为：

$$\boldsymbol{s} \cdot \boldsymbol{r} - \boldsymbol{s}_0 \cdot \boldsymbol{r} = (\boldsymbol{s} - \boldsymbol{s}_0)r = \boldsymbol{h} \cdot \boldsymbol{r} \qquad 5\text{-}37$$

在散射波矢 $\boldsymbol{s}$ 距离很远处的振幅可表述为式 5-38：

$$r_j = aj$$
$$A(\boldsymbol{h}) = \exp(2\pi i0) + \exp(2\pi i\boldsymbol{h} \cdot \boldsymbol{r}) \qquad 5\text{-}38$$

将两散射源扩展至 n 散射源时，考虑等间距为 a_i 的一维散射源，满足式 5-39：

$$A(\boldsymbol{h}) = \sum_{j=1}^{n} \exp(2\pi i\boldsymbol{h} \cdot \boldsymbol{r}_j) \qquad 5\text{-}39$$

根据周期性狄拉克函数：

$$A(h) = \sum_{j=-\infty}^{\infty} \exp(2\pi ihaj) \qquad 5\text{-}40$$

$$\lim_{x \to \infty} \sum_{j=-n}^{n} \exp(2\pi ihaj) = \sum_{k=-\infty}^{\infty} \delta(k - ha) \qquad 5\text{-}41$$

$$A(h) = \sum_{k=-\infty}^{\infty} \delta(k - ha) \qquad 5\text{-}42$$

当式 5-41 和式 5-42 满足条件时，在相应的傅里叶变换，即倒易晶格中会出现显著强度的峰，与布拉格方程一致。将劳厄方程的形式从一维扩展至三维，则相应的傅里叶变换：

$$A(\boldsymbol{h}) = \sum_{k=-\infty}^{\infty} \exp(2\pi i(\boldsymbol{h} \cdot \hat{\boldsymbol{a}})aj) \sum_{k=-\infty}^{\infty} \exp(2\pi i(\boldsymbol{h} \cdot \hat{\boldsymbol{b}})bk) \sum_{l=-\infty}^{\infty} \exp(2\pi i(\boldsymbol{h} \cdot \hat{\boldsymbol{a}})cl)$$

$$5\text{-}43$$

$$A(\boldsymbol{h}) = \sum_{\mu, v, \eta=-\infty}^{\infty} \delta[\mu - (\boldsymbol{h} \cdot \hat{\boldsymbol{a}})a]\delta[\mu - (\boldsymbol{h} \cdot \hat{\boldsymbol{b}})b]\delta[\mu - (\boldsymbol{h} \cdot \hat{\boldsymbol{c}})c] \qquad 5\text{-}44$$

其中，$\hat{\boldsymbol{a}} = \boldsymbol{a}/a$。如式 5-44 所述，在三维空间中，仅当三个狄拉克函数为非零时，即

$$\boldsymbol{h} \cdot \hat{\boldsymbol{a}} = \frac{\mu}{a}, \quad \boldsymbol{h} \cdot \hat{\boldsymbol{b}} = \frac{v}{b}, \quad \boldsymbol{h} \cdot \hat{\boldsymbol{c}} = \frac{\eta}{c} \qquad 5\text{-}45$$

在式 5-45 中，μ、v 和 η 均为整数，利用式 5-46，可获得布拉格方程（式 5-

47）：

$$h \cdot a = \mu, \ h \cdot b = \upsilon, \ h \cdot c = \eta \qquad \text{5-46}$$

$$h = \mu a^* + \upsilon b^* + \eta c^* \qquad \text{5-47}$$

式 5-47 也是布拉格方程的形式，与晶面反射、倒易点阵中的结论一致。

在实验过程中，将晶面指数 $\{hkl\}$ 与晶面间距 d_{hkl} 相关联的布拉格公式可简化为式 5-48，并引入了晶胞参数 a、b、c、α、β、γ，如果晶体结构为立方晶系，则晶面指数 $\{hkl\}$ 与晶面间距 d_{hkl} 两者关系如式 5-49。

$$
\begin{aligned}
\frac{1}{d_{hkl}} = \frac{1}{V}\{&[h^2b^2c^2\sin^2\alpha + k^2a^2c^2\sin^2\beta + l^2a^2b^2\sin^2\gamma] \\
&+ 2hkabc^2(\cos\alpha\cos\beta - \cos\gamma) \\
&+ 2kla^2bc(\cos\beta\cos\gamma - \cos\alpha) \\
&+ 2hlab^2c(\cos\alpha\cos\gamma - \cos\beta)]\}^{1/2}
\end{aligned}
\qquad \text{5-48}
$$

$$\frac{1}{d_{hkl}} = \frac{\sqrt{h^2 + k^2 + l^2}}{a} \qquad \text{5-49}$$

5.2 布拉格方程的应用

与单晶衍射相比，多晶衍射可以在三维空间获得衍射位置的信息，通常相对于 ω、x 和 φ 三个空间角而言，粉末衍射谱只记录一维信息，通常来自角度色散仪。晶面间距 d 或 $1/d$ 来自于波长色散仪，利用多晶体衍射数据重构三维信息的首要步骤是利用一系列颜色峰位确定晶胞参数，晶胞参数的确定主要由布拉格方程决定。

5.2.1 标准样品

在尝试检索多晶衍射谱前，数据必须可靠，且不会受到系统误差和未知因素的干扰。通过已知标准样品，需预先检查衍射仪，这样可大大提高粉末衍射谱的可靠性。当使用由他人配置的仪器时，使用标样校正是良好的实验检验方式，并提供涉及仪器校准、对中、分辨率、背景计数、X射线通量以及环境设备等散射的信息。不要完全相信所谓的"专家"，他们可能坚持衍射仪具备良好的性能和完美的配置，但专家并非万无一失。

多晶衍射仪标准样品应具有的特征：① 晶体学对称性高，晶面的衍射强度集中在少数衍射峰中；② 晶胞体积 V 尽量小，因衍射强度 I（hkl）与 V 呈正比，理想情况下，晶胞中仅包含一个或者两个原子散射因子 f 大的原子；③ 原子的热振动应尽量小，以便在高角度具有较高的衍射强度；④ 样品容易获得高纯度、高结晶性的材料以及可重复的微晶尺寸；⑤ 样品在空气中稳定且无毒。

目前，NIST 可提供大部分标准样品，典型的多晶样品如 Si、Ni、ZnO、CeO_2、Al_2O_3、Cr_2O_3 和 Y_2O_3，均可作为 X 射线衍射仪的标准样品。对于 NaCl，并不是好标准样品，NaCl 具有吸湿性，且 Na^+ 和 Cl^- 具有较大的热参数。多晶衍射标准样品往往是金属键、共价键或高价阳离子和阴离子的离子晶体，这些标准样品也适用于校正波长，但对仪器的分辨率作用不大，选择合适的标准样品可用于波长校正；测量完整 X 射线衍射谱，这不仅可获得布拉格衍射轮廓，也可用于检测杂散射。

5.2.2　度量方程

5.2.2.1　度量方程的推导

基于布拉格方程以及倒易关系 $1/d=d^*$，晶面间距 d 与倒易晶格间距 d^* 相关，后者与晶面指数也呈相关性，根据倒易矢量：

$$d^* = h\mathbf{a}^* + k\mathbf{b}^* + l\mathbf{c}^* \tag{5-50}$$

利用矢量点乘，可得：

$$d^{*2} = \mathbf{d}^* \cdot \mathbf{d}^* = (h\mathbf{a}^* + k\mathbf{b}^* + l\mathbf{c}^*) \cdot (h\mathbf{a}^* + k\mathbf{b}^* + l\mathbf{c}^*) \tag{5-51}$$

经过化简后，可得：

$$d^{*2} = h^2(\mathbf{a}^* \cdot \mathbf{a}^*) + k^2(\mathbf{b}^* \cdot \mathbf{b}^*) + l^2(\mathbf{c}^* \cdot \mathbf{c}^*) \\ + 2kl(\mathbf{b}^* \cdot \mathbf{c}^*) + 2hl(\mathbf{a}^* \cdot \mathbf{c}^*) + 2hk(\mathbf{a}^* \cdot \mathbf{b}^*) \tag{5-52}$$

$$d^{*2} = h^2\mathbf{a}^{*2} + k^2\mathbf{b}^{*2} + l^2\mathbf{c}^{*2} \\ + 2kl\mathbf{b}^*\mathbf{c}^*\cos\alpha^* + 2hl\mathbf{a}^*\mathbf{c}^*\cos\beta^* + 2hk\mathbf{a}^*\beta^*\cos\gamma^* \tag{5-53}$$

由式 5-53 可以得出晶面间距 d 和反射指数 hkl 以及至多 6 个独立参量，这

些参数可标记为 A、B、C、D、E 和 F，如：

$$\frac{1}{d^2} = Ah^2 + Bk^2 + Cl^2 + Dkl + Ehl + Fhk \qquad 5\text{-}54$$

式 5-54 称为倒易空间的度量方程。该方程是利用多晶衍射数据检索晶胞常数的关键方程，即度量方程。

5.2.2.2 对称约束

通过应用对称约束，可大大简化倒易空间的度量方程，基于晶体学对称性（见表 5.1），可对倒易空间参数进行适当约束。

表 5.1 各种晶系的对称性约束

晶系	晶胞参数		倒数空间参数	
三斜晶系	$\mathbf{a} \neq \mathbf{b} \neq \mathbf{c}$	$\alpha \neq \beta \neq \beta$	$\mathbf{a}^* \neq \mathbf{b}^* \neq \mathbf{c}^*$	$\alpha^* \neq \beta^* \neq \gamma^*$
单斜晶系	$\mathbf{a} \neq \mathbf{b} \neq \mathbf{c}$	$\alpha = \gamma = 90°,\ \beta \neq 90°$	$\mathbf{a}^* \neq \mathbf{b}^* \neq \mathbf{c}^*$	$\alpha^* = \gamma^* = 90°,\ \beta^* \neq 90°$
正交晶系	$\mathbf{a} \neq \mathbf{b} \neq \mathbf{c}$	$\alpha = \beta = \gamma = 90°$	$\mathbf{a}^* \neq \mathbf{b}^* \neq \mathbf{c}^*$	$\alpha^* = \beta^* = \gamma^* = 90°$
四方晶系	$\mathbf{a} = \mathbf{b} \neq \mathbf{c}$	$\alpha = \beta = \gamma = 90°$	$\mathbf{a}^* = \mathbf{b}^* \neq \mathbf{c}^*$	$\alpha^* = \beta^* = \gamma^* = 90°$
三角晶系	$\mathbf{a} = \mathbf{b} = \mathbf{c}$	$\alpha = \beta = \gamma \neq 90°$	$\mathbf{a}^* = \mathbf{b}^* = \mathbf{c}^*$	$\alpha^* = \beta^* = \gamma^* \neq 90°$
六方晶系	$\mathbf{a} = \mathbf{b} \neq \mathbf{c}$	$\alpha = \beta = 90°,\ \gamma = 120°$	$\mathbf{a}^* = \mathbf{b}^* \neq \mathbf{c}^*$	$\alpha^* = \beta^* = 90°,\ \gamma^* = 60°$
立方晶系	$\mathbf{a} = \mathbf{b} = \mathbf{c}$	$\alpha = \beta = \gamma = 90°$	$\mathbf{a}^* = \mathbf{b}^* = \mathbf{c}^*$	$\alpha^* = \beta^* = \gamma^* = 90°$

应用立方、四方、正交、六方、三方和单斜晶系的对称性，倒易点阵中的度量方程可简化，其方程如表 5.2 所示。

表 5.2 倒易空间中简化的度量方程

空间群	度量方程
立方晶系	$\dfrac{1}{d^2} = \mathbf{a}^{*2}(h^2 + k^2 + l^2)$
四方晶系	$\dfrac{1}{d^2} = \mathbf{a}^{*2}(h^2 + k^2) + c^{*2}l^2$
六方晶系	$\dfrac{1}{d^2} = \mathbf{a}^{*2}(h^2 + hk + k^2) + cD*^2 l^2$
三方晶系（带菱形轴）	$\dfrac{1}{d^2} = \mathbf{a}^{*2}(h^2 + k^2 + l^2) + 2\cos\alpha(hk + hl + kl)$

空间群	度量方程
正交晶系	$\dfrac{1}{d^2} = \mathbf{a}^{*2}h^2 + b^{*2}k^2 + c^{*2}l^2)$
单斜 y 是唯一轴	$\dfrac{1}{d^2} = \mathbf{a}^{*2}h^2 + b^{*2}k^2 + c^{*2}l^2) + 2a^*c^*\cos\beta^*hl$

就实空间晶胞参数而言，这些参数可重写为表 5-3，由于三方晶系正空间的推导较为复杂，本节并未提供。

表 5-3 正空间中简化的度量方程

空间群	度量方程
立方晶系	$\dfrac{1}{d^2} = \dfrac{(h^2 + k^2 + l^2)}{a^2}$
四方晶系	$\dfrac{1}{d^2} = \dfrac{(h^2 + k^2)}{a^2} + \dfrac{l^2}{c^2})$
六方晶系	$\dfrac{1}{d^2} = \dfrac{4(h^2 + hk + k^2)}{3a^2} + \dfrac{l^2}{c^2}$
正交晶系	$\dfrac{1}{d^2} = \dfrac{h^2}{a^2} + \dfrac{k^2}{b^2} + \dfrac{l^2}{c^2})$
单斜 y 是唯一轴	$\dfrac{1}{d^2} = \dfrac{h^2}{a^2\sin^2\beta} + \dfrac{k^2}{b^2} + \dfrac{l^2}{c^2\sin^2\beta} - \dfrac{2hl\cos\beta}{ac\sin^2\beta}$

如表 5-2 和表 5-3 所示，对于给定的晶胞参数，计算粉末衍射数可能的 hkl 相对简单，对于角度色散衍射仪，可有效计算衍射峰位 2θ。而从晶面间距开始，检索对应的晶胞参数具有相反的意义，即尝试获取 hkl 值以及一组自洽的晶格常数。

5.2.2.3 生成 hkl、d 和 2θ 值

在多晶衍射数据分析中，可根据晶胞参数计算晶格的一组 hkl 晶面、d 值和等效衍射峰位 2θ。为生成所需晶面间距 d，需考虑最小和最大晶面间距的极限，即 d_{min} 和 d_{max}：最大晶面间距 d_{max} 由晶胞大小决定，这是由晶胞参数最大的限制；最小晶面间距趋于零，该极限对应无限数量的晶面，对于角度色散的衍射，瓦尔德球半径可提供晶面间距的最小限制，即对于 180° 的散射角，无法观察到

衍射，在实验中，远低于180°的散射角将为最小间距 d_{min} 施加更高的限制。

可用晶胞参数 a、b 和 c 与最小晶面间距 d 确定 hkl 指数的最大值和最小值，即：

$$h_{min} = -a/d_{min} \qquad\qquad h_{max} = a/d_{min}$$

$$k_{min} = -b/d_{min} \qquad\qquad k_{max} = b/d_{min}$$

$$l_{min} = -c/d_{min} \qquad\qquad l_{max} = c/d_{min}$$

计算机程序可利用这些限制遍历 hkl 的排列，并利用度量方程生成晶面间距 d。

上述方法适用于计算三斜晶体晶系，但不适用于高对称晶系，在实验中，只需生成唯一的 hkl 值以及多重性因子 j，接下来解释根据对称性，生成 hkl 晶面的应用。

以立方晶系为例，晶面间距 d 的计算公式如：

$$\frac{1}{d^2} = A(h^2 + k^2 + l^2) \tag{5-55}$$

利用式 5-55，可以发现（321）的晶面间距与（213）或（312）相同。为生成等价的 hkl，因此在 hkl 的最大值和最小值施加了额外的限制，如表 5.4 所示。

表 5.4　高对称性晶系的额外限制

晶系	点群	限制
立方	$m\text{-}3m$	$h_{min} = 0$, $k_{min} = 0$ 且 $k \leqslant h$, $l_{min} = 0$ 且 $l \leqslant k$
	$m\text{-}3$	$h_{min} = 0$, $k_{min} = 0$ 且 $k \leqslant h$, $l_{min} = 0$ 且 $l \leqslant h$
四方	$4/mmm$	$h_{min} = 0$, $k_{min} = 0$ 且 $k \leqslant h$, $l_{min} = 0$
	$4/m$	$h_{min} = 0$, $k_{min} = 0$, $l_{min} = 0$
正交	mmm	$h_{min} = 0$, $k_{min} = 0$, $l_{min} = 0$
单斜	$2/m$	$k_{min} = 0$, $l_{min} = 0$

从表 5.4 中可以看出，对于单斜对称性（以 y 为唯一轴），将针对 k 和 l 的正值生称晶面指数，也允许 h 为负值的情况。在实际应用中，还可涉及其他边界条件。对称性涉及的第二个应用是中心对称，相对于简单立方而言，体心立方的衍射峰数量更少，这是由对称性消除了部分衍射。

5.2.3 晶胞常数精修

在检索角度色散的衍射谱图时，衍射图谱可简化为与衍射角 2θ 相关联的 hkl 衍射峰，这样便可得到晶胞参数，利用最小而乘法可对其进行精修：

$$\sum_{n=1}^{N} w_n \{2\theta_n(\text{obs}) - 2\theta_n(\text{calc})\}^2$$

$$2\theta_n(\text{calc}) = 2\sin^{-1}(\lambda/2d) \qquad\qquad 7\text{-}7$$

$$2\theta_n(\text{calc}) = 2\sin^{-1}\left(\lambda \sqrt{\frac{\{Ah^2 + Bk^2 + cl^2 + Dkl + Ehl + Fhk\}}{2}}\right)$$

与测试权重 w 值相对应的是观察值方差的倒数 σ^2，系数通常为度量张量 $A \sim F$ 等，这些张量可通过精修晶格常数进行精修，在精修过程中，应该施加对晶体对称性的限制。

全局变量最小还可以用于校正衍射仪常数：对于透射衍射几何的圆柱体样品，最常见的附加参数是衍射峰 2θ 的零点误差，这是由于仪器在 $180°$ 位置与实际入射光束不符的现象，该参数也可用于补偿样品的唯一误差；对于反射几何模式中的平板样品，可对试样高度位移进行校正。这与零点校正形式不同，当样品吸收非常低时，也可能会发生样品高度的位移。对于同时存在零点误差和样品位移误差时，在 Rietveld[45] 精修过程中，仅可精修单个参数，同时精修两个参数，精修过程会不稳定。

第六章　结构因子方程

在凝聚态物理和晶体科学中，结构因子是对材料对入射辐射的数学描述，也是揭示 X 射线、电子和中子衍射的关键工具。如果布拉格方程是 X 射线衍射中最重要的公式，那么结构因子方程一定位居第二[46-52]。布拉格方程是在衍射谱（衍射花样）中出现布拉格峰充分非必要条件，布拉格方程结合结构因子方程即可获得充分必要条件。

6.1　电子对 X 射线的散射

6.1.1　一个电子对 X 射线的散射

首先，将电子作为 X 射线的散射主体，X 射线能量的基本单元是 X 射线光子，属于存在一定位移的行波，图 6.1 揭示了 X 射线光子的基本特征。X 射线光子的主要参量：①振幅，即最大位移；②波长，即连续波峰间的距离；③X 射线光子的传播方向和偏振，即传播方向从左到右，偏振方向垂直于纸面。

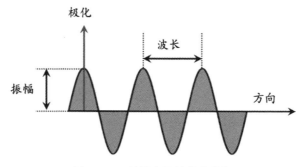

图 6.1　X 射线光子的基本特征

当 X 射线遇到电子后，会发生散射效应，如图 6.2 所示，当经过电子后，可通过衍射束方向的变化来衡量散射效应。

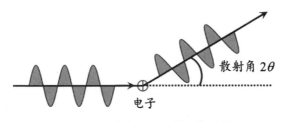

图 6.2   一个电子对 X 射线的散射

从图 6.3 中可以得出 X 射线衍射的基本概念，当 X 射线与电子发生干涉而被电子散射后，X 射线与电子间的精确作用机制并不重要。重要的是结果，X 射线光子的方向和极化均改变了 2θ 角。除此之外，X 射线光子也发生了 $180°$ 的相位转变，即 π 弧度。

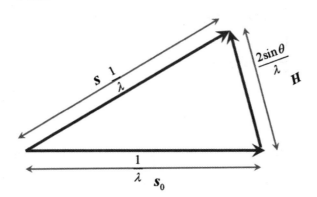

图 6-3   弹性散射条件下入射波矢和散射波矢示意图

电子对 X 射线的散射可由矢量图以及相应的矢量方程所描述，矢量具有大小和方向，可用于描述 X 射线光子的两种特性，即 X 射线的动量及传播方向。根据普朗克定律，X 射线光子的动量与其波长 λ 倒数呈正比，因此矢量的模场为 $1/\lambda$，矢量的方向与 X 射线的传播方向相同，可用矢量图来表示一个电子对 X 射线的散射（见图 6.3），其中，s_0 表示散射前光子的方向与动量，s 表示散射后 X 射线光子的能量，考虑弹性散射，及 X 射线光子的能量不变，s_0 和 s 的模长相同，连接 s_0 和 s 的矢量 H 表示散射的净变化，称为散射矢量 H，其模长为

2sinθ/λ。矢量方程总结了图 6.3 中的内容，矢量方程为可阐述散射波 *s* 与入射波 s_0 相差散射矢量 *H* 的关系：

$$s = s_0 + H \qquad\qquad 6\text{-}1$$

6.1.2　两个电子对 X 射线的散射

接下来，考虑两个电子对 X 射线的散射，当一束相干 X 射线离开 X 射线源，经过矢量为 *r* 两电子的散射后，在远处 X 射线探测器上相遇，会发生怎样的情况呢？图 6.4 简要地概况了这一现象。

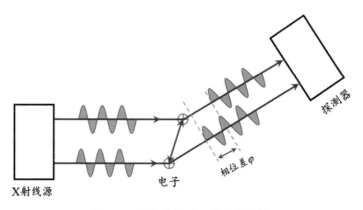

图 6.4　两个电子对 X 射线的散射

即使两个 X 射线光子从 X 射线源同相位开始，上面的 X 射线光子会先于下面的 X 射线光子达到探测器。上面 X 射线光子从 X 射线源到探测器的距离较短，下面 X 射线光子从 X 射线源到探测器的距离较长，两同相位的 X 射线光子到达探测器时存在着相位差，在图 6.4 中以长度表示，也可用角度表示，360°或 2π 弧度对应一个波长的相位差。

在图 6.4 中，上面的 X 射线光子比下面的多传播 5λ/4，因整个波长不会产生净效应，其净相位差是 λ/4，也可称为 90°或 π/2 弧度。探测器探测的关键信息在于精确的相位差：如果相位差是波长的整数倍，即 2nπ 弧度，则两同相位 X 射线光子经两电子散射后发生相长干涉；如果相位差是波长的 (n+1/2) 倍，即 2π (n+1/2) 弧度，则两同相位 X 射线光子经两电子散射后发生相消干涉；如果相位差既不是波长的整数倍，也不是波长的 (n+1/2)，则介于相长干涉和相消干涉之间。

利用数学推导对两电子对 X 射线光子的散射过程进行分析，会同时使用矢量代数运算以及复数运算，利用矢量内积表示图 6.4 中的相位差 $2\pi S \cdot r$，通过正弦或余弦函数可将相位差转化为波动关系，利用棣莫弗定理将其转化实部和虚部为余弦和正弦函数，并转化为：

$$F(S) = \exp\{2\pi i S \cdot r\}$$ 　6-2

在式 6-2 中，F 表示为下散射波和上散射波在相位差上所引起的散射量，F 是 X 射线波长和角度 2θ 的函数，其中 S 的模长等于 $2\sin\theta/\lambda$。

6.1.3　一个原子中电子集对 X 射线的散射

依据两个电子对 X 射线的散射，将其扩展至多个电子对 X 射线的散射，将单原子周围的所有电子作为集合进行分析。原子中所有电子对 X 射线的散射是一个高度概念化的实验，在实际中不可能进行，保持单原子禁止，利用平行的相干 X 射线束流轰击单原子，观察记录照相机胶片上的强度分布，如图 6.5 所示。

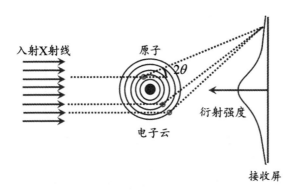

图 6.5　原子中电子集对 X 射线的散射

图 6.5 中显示了 3 个具有代表性的散射电子，对于单原子这种情况，首先采用量子力学将原子周围的电子云转化为在任意点找到电子的电荷密度分布，而不能考虑单电子。因此，原子中心距位置点距离 r 的区域内具有 $\rho(r)$ 的局部电荷密度，那么在小体积 δV 内找到电子的概率是 $\rho(r)\delta V$；如果扩展至原子外的电子云，那么存在无数这样的区域具有 $\rho(r)$ 的局部电荷密度，表达这一

求和的数学方法是带极限的积分符号，表示整个电子云范围内的影响求和。在晶体学和衍射学科中，经常以此作为比率，整个电子云对 X 射线的散射可看作将原子放置于中心单电子对 X 射线散射比率的求和，这也可以看作是电子云对 X 射线散射变为两电子对 X 射线散射的重复。

$$f(\boldsymbol{S}) = \int_{Atom} \rho(\boldsymbol{r})\exp\{2\pi \mathrm{i}\boldsymbol{S} \cdot \boldsymbol{r}\}\delta V \qquad 6.3$$

式 6.3 简洁地概况了单原子外的电子集对 X 射线散射的定性过程，基本来说，在考虑相位差 $e^{2\pi \mathrm{i} S \cdot r}$ 各微分区域 $\rho(r)\delta V$ 在全原子空间内的积分求和。根据惯例：F 表示电荷集合对 X 射线的散射因子；f 表示原子对 X 射线的散射因子。

原子核外电子集对 X 射线的散射可通过量子力学求解，也可通过衍射实验测试。如图 6.6 所示，原子核外电子集对 X 射线散射的最大值出现在零角度，即原子中心的正后方，散射大小等于电子云中的电子总数；随着散射角 2θ 的增加，如图 6.6 原子核外电子云中不同 3 点的相消干涉增强，这会导致原子核外电子集对 X 射线散射形成特定的原子散射因子 f。原子散射因子是 X 射线衍射的理论基础，晶体学表中大多数原子、离子对 X 射线的散射被制成表格，自变量是 $\sin\theta/\lambda$。

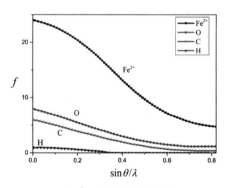

图 6.6　原子散射因子

查看图 6.6 中氧的原子散射因子，从 $2\theta = 0$ 开始，这意味着 $\sin\theta/\lambda = 0$，此时氧的原子散射因子 f 是 8。随着散射角的增加，氧的原子散射因子 f 逐渐降低，这意味着氧原子 8 个核外电子在散射角度为 0 时呈相长干涉；随着 $\sin\theta/\lambda$ 的增加，图 6.6 中 3 个散射点在接收屏上出现了不同的路径长度。与氧原子对 X 射线的散射类似，碳原子和氢原子对 X 射线的散射分别起始于 6 和 1，这分别对应于碳和氢的核外电子数。对于铁原子，其原子散射因子 f 应起源于 26，当铁原子失去两个电子形成二价铁离子时，二价铁离子的原子散射因子 f 起始于 24。

在实际中，电子数相近的离子经常聚集在仪器。例如，在硅酸盐矿物中，其中包含 Si^{4+}、Al^{3+}、Mg^{2+}、Na^+ 以及 O^{2-}，这些离子的核外电子数据均是 10，也意味着这些离子的原子散射因子均从 10 开始，仅根据 X 射线衍射分析这 5 种离子较为困难。

上述讨论假设原子中的核外电子与经典自由电子一样散射，如果原子对电子的束缚能力大于或小于自由电子对 X 射线的散射能力，其相位也会不同，在吸收边缘附近，会发生异常散射效应，这会改变原子散射因子 f 的值。

6.1.4　异常散射

如果入射 X 射线光子的能量与原子吸收的能量不一致时，原子核外电子集对 X 射线的散射应进行修正。例如，当 X 射线衍射仪靶材为铜靶时，X 射线与被测样品接触后可观察到 X 射线荧光现象，X 射线与被测铁样品接触后可观察看 X 射线荧光现象。由于 Cu Kα X 射线光子被铁原子吸收，同时释放出与 Cu Kα X 射线光子能量相似的 X 射线光子，紧接着，一个外层电子用非相干 X 射线光子填充空穴，在 X 射线衍射谱中表面为噪声。

$$f = f(2\theta) + \Delta f' + \mathrm{i}\Delta f'' \qquad\qquad 6\text{-}4$$

当以铜作为靶材，X 射线光子照射到铁原子时，样品不仅会发生荧光效应，而且其原子散射因子 f 也需依据式 6-4 修改。这种散射因子的修正的"异常散射"取决于入射波长，如式 6-4 中原子核外电子集对 X 射线的散射中附加了 $\Delta f'$ 和 $\Delta f''$，也称为色散校正。表 6.1 罗列出 Cu Kα 辐射的异常散射的校正值，这些数值是原子序数 Z 的函数（见图 6.7）。

表 6.1　CuKα 辐射异常散射的校正值

元素	C	Si	V	Fe	Co	Ni	Gd	Pb
Z	6	14	23	26	27	28	64	82
$\Delta f'$	0.017	0.244	0.035	−1.179	−2.464	−2.956	−9.242	−4.818
$\Delta f''$	0.009	0.330	2.110	3.204	3.608	0.509	12.320	8.505

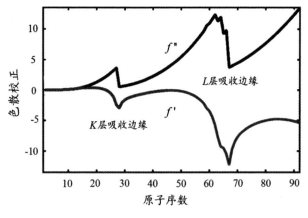

图 6.7　异常散射示意图

从图 6.7 中可以看出，对于原子序数较小的元素，色散校正无关紧要；对于原子序数较大的元素，色散校正非常重要。尤其是入射 X 射线的能量接近于元素的 K 层和 L 层吸收时，实数项 $\Delta f'$ 在吸收边缘前先增加，然后变为负值；虚数项 $\Delta f''$ 在吸收边缘前稳定增强，之后迅速下降，虚数项为 X 射线光子提供了位移校正。在理论上，色散校正取决于 X 射线的波长和散射角，但对散射角的依赖性非常小，这种现象是由于入射 X 射线与核心电子的相互作用。因此，对于同一种波长，$\Delta f'$ 和 $\Delta f''$ 项可以视为常数。

6.2　原子集对 X 射线的散射

6.2.1　一维原子列对 X 射线的散射

基于单原子中所有电子集对 X 射线的散射作用，接下来继续推导一维原子列对 X 射线的散射作用（见图 6.8）。

在处理一维原子列对 X 射线的散射时，关键问题是如何处理间距为 a 的重复原子。当采用数学方法总结原子列对 X 射线的散射时，需将原子列中的原子放置在空间原点，其他原子从原点偏移 a、$2a$、$3a$ 和 $4a$ 间距，这样排列的散射公式为：

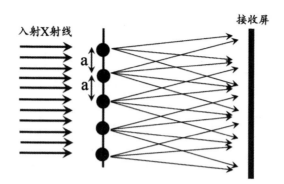

图 6.8 一维原子列对 X 射线的散射

$$F(\boldsymbol{S}) = \sum_n f_n \exp\{2\pi \mathrm{i} S \cdot r_n\}$$

$$F(\boldsymbol{S}) = f \exp\{2\pi \mathrm{i} \boldsymbol{S} \cdot \boldsymbol{r}_1\} + f \exp\{2\pi \mathrm{i} \boldsymbol{S} \cdot (\boldsymbol{r}_1 + \boldsymbol{a})\} + \qquad\text{6-5}$$

$$f \exp\{2\pi \mathrm{i} \boldsymbol{S} \cdot (\boldsymbol{r}_1 + 2\boldsymbol{a})\} \cdots$$

对式 6-5 中的数学表达式，即可获得在接收屏上观测到强度 I 的表达式：

$$I = f^2 \left\{ \frac{\sin N \pi \mathrm{a} \cdot \boldsymbol{S}}{\sin \pi \mathrm{a} \cdot \boldsymbol{S}} \right\}^2 \qquad\text{6-6}$$

如式 6-6 所示，衍射强度与振幅的平方呈正比。其中包含两项：f^2 表示来自重复原子的散射；括号内部分表示 N 个原子间的相长干涉或相消干涉，随原子序数 N 的增加，式 6-6 的干涉函数如图 6.9 所示。

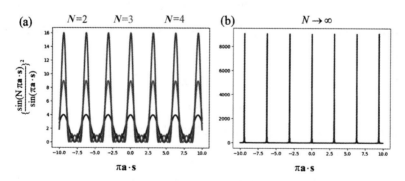

图 6.9 式 6-6 干涉函数图

根据式 6-6 所示的干涉函数：对于数量较小的原子数量 N，图像呈块状；随着原子数量 N 的增加，干涉函数峰趋于尖锐，背景减低且更平坦。在图 6.10

中，已出现衍射图谱中的特征，乘以原子散射因子 f^2，即可获得衍射强度。

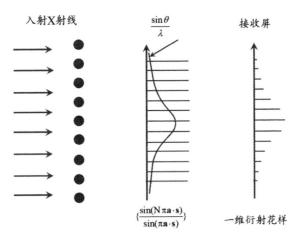

入射X射线　　　$\dfrac{\sin\theta}{\lambda}$　　　接收屏

$\left\{\dfrac{\sin(N\pi\mathbf{a}\cdot\mathbf{s})}{\sin(\pi\mathbf{a}\cdot\mathbf{s})}\right\}$　　　一维衍射花样

图 6.10　一维原子列在接收屏上的衍射强度

一维原子列对 X 射线的散射是一种原始的情况，但一维原子列对 X 射线的散射为二维原子面和三维原子体对 X 射线的散射提供了客观的分析：①如果重复原子的数量 N 比较小，则衍射图谱峰宽；②如果重复原子的数量 N 比较大，则衍射图谱峰尖锐；③一维原子列对 X 射线的散射是重复原子对 X 射线的散射以及重复原子散射间的干涉。

事实证明，一维原子列对 X 射线的散射可通过瓦尔德球几何图形以及倒易点阵进行可视化，瓦尔德球经常出现在晶体学的相关著作中，当原子列重复单元（间隔 a）和散射角（以 $\mathbf{S}$ 表示），这些衍射峰更容易出现，这种关系以劳厄方程表示：

$$a \cdot \mathbf{S} = h \qquad\qquad 6\text{-}7$$

$$a(2\sin\theta/\lambda)\cos\beta = h \qquad\qquad 6\text{-}8$$

在式 6-8 中，β 表示重复间隔 a 和散射矢量 $\mathbf{S}$ 的夹角。

如图 6.11 中所示的瓦尔德球中，以长度为 $1/\lambda$ 的青色矢量表示入射 X 射线束，以中心原子为圆心，绘制半径为 $1/\lambda$ 的圆，这表示一维原子列对 X 射线散射所有可能的衍射束。在距离球体中心 $1/a$ 绘制垂直于原子列的平面，当该平面于瓦尔德球相切时，即满足式 6-7（$h=1$），因此会发生衍射现象；类似，在距离球体中心距离 $2/a$ 处绘制另一个平面，在与瓦尔德球相交的地方，会发生

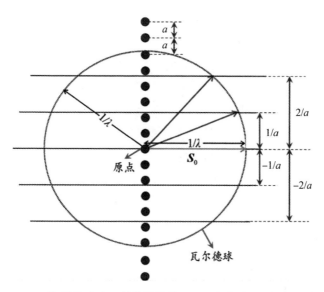

图 6.11　一维原子列对 X 射线散射情况下瓦尔德球与倒易点阵（2D）

衍射现象；与此类似，可绘制 $h=-1$、-2 时的情形，而 h 为 3、4 及以上的平面将发生在瓦尔德球之外，因此缺乏相应的衍射事件。

通过绘制半径为 $1/\lambda$ 的瓦尔德球可以看出，半径为 $1/\lambda$ 的球体分布着入射束和潜在的衍射束；间隔为 $1/a$ 的平行平面表示重复原子的原子间距，以此可预测衍射现象的发生；前者通常称为瓦尔德球，后者称为倒易点阵，两者均是晶体学中的常用术语。瓦尔德球结合倒易点阵可预测衍射何时发生，但不会展示衍射强度，需通过重复原子来衡量衍射强度。一维原子列对 X 射线散射的三维瓦尔德球如图 6.12 所示。

在三维空间中，构建瓦尔德球，一维原子列的倒易点阵是一组平行的二维平面，两者相交表示发生衍射的可能性；当研究三维晶体时，衍射发生的可能性会进一步降低。

6.2.2　二维原子面对 X 射线的散射

基于一维原子列对 X 射线的散射作用，接下来将一维原子列扩展到二维和三维晶体对 X 射线的散射。

如图 6.13 中的二维原子面所示，二维原子面上的重复单位位移分别是 a 和

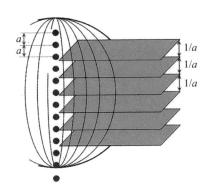

图 6.12　一维原子列对 X 射线散射情况下瓦尔德球与倒易点阵（3D）

b，可形成平行四边形，图 6.14a 和图 6.14b 中显示了二维原子平面对 X 射线的可视化。依据原子列对 X 射线的散射，将二维原子分组由 a 和 b 间隔的原子列，即分为两组：间距为 a 的平面，在倒易空间中相当于一组间距为 $1/a$ 的平行倒易晶格平面，如图 6.14a 所示，使其满足劳厄方程（式 6-7）；间距为 b 的平面，这相当于在倒易空间中相当于一组间距为 $1/b$ 的平行倒易晶格平面，如图 6.14b 所示，使其满足劳厄方程（式 6-10）。

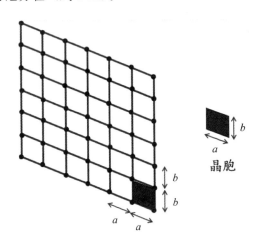

图 6.13　二维原子面示意图

$$S \cdot a = h \tag{6-7}$$

$$S \cdot b = k \tag{6-10}$$

如果二维晶体与 X 射线发生衍射需满足两个劳厄方程，即式 6-7 和式 6-10，

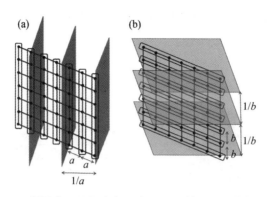

图 6.14 间距为 a (a) 和间距为 b (b) 的原子列的倒易点阵

仅当二维晶体的倒易平面与瓦尔德球相交时，即满足双重条件的区域时两组平面和瓦尔德球相交的地方，才会发生衍射。

6.2.3 三维原子体对 X 射线的散射

接下来，将二维晶体扩展至三维晶体，在三维晶体中，晶胞时有边长 a、b 和 c 构成的平行六面体，这需要同时满足三个劳厄方程：

$$\boldsymbol{S} \cdot \boldsymbol{a} = h \qquad\qquad 6\text{-}7$$

$$\boldsymbol{S} \cdot \boldsymbol{b} = k \qquad\qquad 6\text{-}9$$

$$\boldsymbol{S} \cdot \boldsymbol{c} = l \qquad\qquad 6\text{-}10$$

三维晶体与 X 射线发生衍射需满足 3 个劳厄方程，即式 6-7、式 6-9 和式 6-10，仅当三维晶体的倒易点阵与瓦尔德球相交时，即满足三重条件的地方，才会发生衍射，倒易格点如图 6.15 中所示，倒易点着位于垂直于 a、b 和 c 矢量三组平面的交点。

6.3 衍射的完整解释

6.3.1 瓦尔德球与倒易点阵

在研究一维原子列、二维原子面和三维原子体对 X 射线的散射时，已多次提到倒易点阵的概念。虽然这不是衍射理论的范畴，但可用于表示衍射发生的通用规则。倒易点阵可用于定位取向和旋转晶体的多种衍射方式进行可视化，倒易点阵是理解衍射的重要手段。

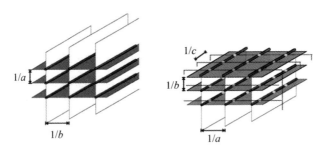

图 6.15　三维原子体的倒易点阵

对单晶体而言，结合瓦尔德球和倒易点阵是可视化衍射的有效手段。对于瓦尔德球（见图 6.16），通常用半径为 $1/\lambda$ 的球体，其中 λ 是 X 射线的波长。在图 6.16 中，粉色箭头指示的方向表示 X 射线束入射的方向，X 射线的衍射束可能是从球体中心倒圆周的任意半径。因此，瓦尔德球代表了实验可能的波长 λ 和衍射角 2θ。

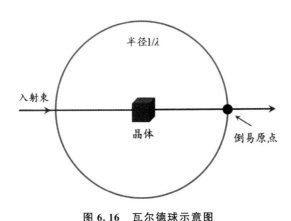

图 6.16　瓦尔德球示意图

第二个重要德概念是倒易点阵，表示一维原子列、二维原子面和三维原子体对 X 射线散射德可能性。依据晶体学对称性德不同，倒易点阵具有特征性的规律，类似 $1/a$、$1/b$、$1/c$ 和 $1/d$ 的倒易参数经常出现。在代数意义上说，倒易点阵是晶体结构的另一种视图，被称为倒易点阵。

倒易点阵是由代表衍射可能性的规则网格点，每个格点均可代表米勒指数

（hkl）。如果发生衍射现象，米勒指数（hkl）可对应于生衍射的晶面。图 6.17
是一个示意性的倒易格点（仅显示二维切片），倒易点阵并不真实存在，是真实
晶格的抽象属性。图 6.17 中仅显示了 $l=0$ 时的倒易格点，在 $l=0$ 层之上和之
下存在着 hk1 和 hk-1 两层，在这两层之上和之下存在 hk2 和 hk-2 两层，以此类
推和覆盖三维空间，从而形成三维倒易点阵。

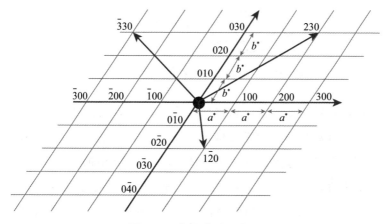

图 6.17　倒易点阵示意图

　　晶体中倒易格点位于倒易晶格的格点上，其基本单位是 a*、b* 和 c*，这些
参数与晶格常数 a、b 和 c 息息相关。沿倒易矢量 a* 移动 h 个单位，沿倒易矢量
b* 移动 k 个单位，沿倒易矢量 c* 移动 l 个单位，从原点可达到任意倒易格点
（hkl），从原点到任意倒易格点 hkl 的矢量方程可表述为：

$$d^* = ha^* + kb^* + lc^* \qquad\qquad 6\text{-}11$$

　　将瓦尔德球添加到倒易点阵是一个非常重要的技巧，这是一种将给定晶体
的倒易点阵设置为实验条件的方法。当倒易格点接触到瓦尔德球时，会发生衍
射现象。对于确定取向微晶，可能不会出现倒易点阵与瓦尔德球的相交；如果
微晶可以旋转，则倒易晶格随之旋转，直到倒易格点与瓦尔德球相交，就会发
生衍射。

　　图 6.18 解释了微晶取向导致（-230）晶面发生衍射的情况，粉色箭头表示
入射 X 射线的矢量，绿色箭头表示散射 X 射线的矢量，将入射矢量连接到散射
矢量的矢量 **d***，称为倒易晶格间距，其长度等于 1/d 且垂直于（hkl）晶面，

因此 d^* 可作为衍射晶面的同义词。

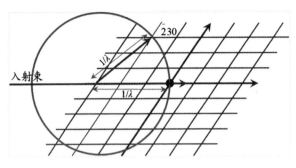

图 6.18　瓦尔德球与倒易点阵相交的示意图

对于多晶体材料，瓦尔德球和倒易点阵仍是晶体学中的重要概念。在多晶体材料中，材料有数目庞大的微晶构成，而每个微晶均存在一个倒易晶格，粉末材料中的倒易晶格连成连续的三维球体。以图 6.19 中的（-230）倒易格点出现在所有可能的方向，如果不存在粒子统计性误差，则会倒易格点会扩展为半径为 d^* 的球面。因此，在多晶体材料中，瓦尔德球与倒易点阵的结合是倒易点阵与许多球体的相交，每个球体的半径均为 d^*_{hkl}。对于特定晶面 hkl，两球体相交形成一个圆，对每个 hkl 衍射可描述为一个锥体，也称为衍射圆锥。

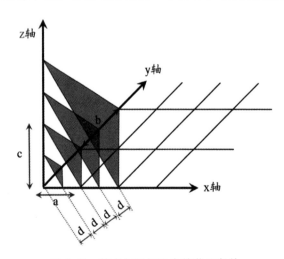

图 6.19　笛卡尔坐标系中的劳厄条件

对于非晶材料，如玻璃、液体等，倒易点阵的概念并不适用。非晶材料缺乏晶体结构是不严格的说法，非晶材料各向同性，没有晶轴，在各方向上统计均一致，在原子或分子并不是随机意义的弱统计，凝聚态中相邻原子和分子彼此占据不太近也不太远的位置。当大量原子在布拉格角同相散射时，晶体中并不会发生强的相长干涉，但非晶中的原子或分子会聚集而导致一些正的散射强度。如果利用粉末衍射研究液体或玻璃，通常会收集到一个、两个或者多个弱宽的衍射衍射峰。

6.3.2　衍射完整解释

晶体学是研究晶体在三维上的分析，在推导结构因子的过程中，通过低维度扩展到高维度，通过对零维、一维和二维及三维晶体对 X 射线的散射，分别对应于点、线、面和体，晶体与其倒易点阵存在着维度上的联系（见表 6.2）。

表 6.2　正空间与倒易空间的维度联系

正空间	晶胞参数	倒易空间	维度（1）＋（2）
一维列	间距 a	一组平行面	1＋2＝3
二维面	间距 a、b 角度 α、β	一组平行线	2＋1＝3
三维体	间距 a、b、c 角度 α、β、γ	三维倒易点	3＋0＝3

在研究三维晶体对 X 射线的散射时，定义了衍射发生时的劳厄条件，也定义了晶体学中的平面，该平面分别与三个轴相交 a/h、b/k 和 c/l，如图 6.19 所示，$h=k=1=2$。

图 6.19 中的晶面与原点 O 之间的间距为 d，长度等于 $1/S$，这样可出现一整套平行晶面，每个平面与相近平面的间距为 d，这一组平面可用三指数 hkl 表示，这些平面在晶体学中称为布拉格平面，指数称为米勒指数。除此之外，晶面的米勒指数也存在其他函数，结合 $d=1/S$ 和 $S=2\sin\theta/\lambda$，可得：

$$\lambda = 2d\sin\theta \qquad\qquad 6\text{-}12$$

$$n\lambda = 2d\sin\theta \qquad\qquad 6\text{-}13$$

利用布拉格公式（式 6-13），可预测衍射现象的发生，也能预示着高阶衍射，即 $n>1$。

如图 6.20 所示的衍射模式，连续晶面对 X 射线的散射路径长度为 $2d\sin\theta$，果路径差恰好是一个波长，入射束和散射束呈相长干涉。hkl 衍射、hkl 晶面与晶面间距 d 密切相关：有人会得到 X 射线衍射是由 hkl 晶面散射，这属于无稽之谈，因为晶面是抽象数学概念，不能散射任何东西；事实上，晶体对 X 射线的散射是原子核外电子对 X 射线的散射，请谨记，原子真实存在，晶面是虚拟概念。

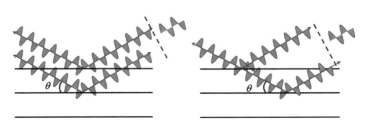

图 6.20　相长干涉示意图

6.4　结构因子方程

依据 10.1～10.3 中的分析，结合瓦尔德球和倒易点阵或者布拉格定律可预测 X 射线衍射的发生条件，但并未显示衍射发生的强度指示。如果衍射强度为 0，在相应的布拉格位置也不会发生衍射效应，因此布拉格方程是衍射发生的充分非必要条件。

$$F(S) = \sum_n f_n \exp\{2\pi i S \cdot r_n\} \qquad \text{6-14}$$

通过晶胞内重复单元 a、b 和 c 的分数坐标（x，y，z）来描述原子位置 r，即：

$$r = xa + yb + zc \qquad \text{6-15}$$

将式 6-15 带入式 6-14，可得：

$$F(S) = \sum_n f_n \exp\{2\pi i S \cdot (xa + yb + zc)\}$$

$$F(S) = \sum_n f_n \exp\{2\pi i (S \cdot ax + S \cdot by + S.cz)\}$$

$\qquad \text{6-16}$

当原子数目 N 较大时，劳厄方程可适用，将式 6-7、式 6-9 和式 6-10 带入式 6-16，可得：

$$F(S) = \sum_n f_n \exp\{2\pi i(hx + ky + lz)\}$$

6-17

式 6-17 是著名的结构因子方程，也是 X 射线衍射的重要公式，与布拉格方程可构成衍射发生的充要条件。

式 6-17 是结构因子的最终形式，可以记为求和的形式：

$$F(S) = \sum_x \sum_y \sum_z f_n \exp\{2\pi i(hx + ky + lz)\}$$

6-18

式 6-18 描述所有原子度 X 射线的散射在全空间（x，y，z）中求和。

式 6-17 和公式 6-18 均是结构因子方程的重要形式，是连接晶胞和衍射强度的重要方程。

第七章　理想多晶体的衍射强度

　　以特定方式组合小晶体的方式以适应材料的真实微观结构，但真实情况的解析往往会很复杂。如果微晶彼此完全吻合，没有不连续性，在界面处的取向也没有变化，这样就构成了单晶体，此时动力学衍射理论可为衍射强度提供解析解。

　　对于多晶体材料，数量庞大的微晶在全空间中随机分布，也称为理想多晶体[21-23]。在描述理想多晶体材料，需考虑的因素有：①样品中随机分布的微晶以及微晶形状；②X 射线散射圆锥。此时，运动学衍射理论可为衍射强度提供解析解。

7.1　结构因子

　　对于单晶体而言（见图 7.1），当入射束以倾斜角 θ 入射，且满足布拉格方程时，会发生散射效应；已发生散射的波被晶面反射后，可继续作为入射束，可进行第二次衍射，最终会回到衍射位置，以此类推，可能会发生 N 次衍射[52]。

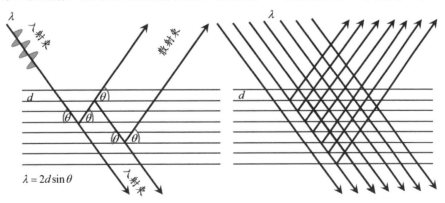

图 7.1　单晶体散射的示意图

迄今位置，X 射线衍射理论的基本假设是：独立干涉实验，无论其来自晶体的哪个位置，均独立于其他位置，偏离了这种简单，很多复杂情况都可能发生。

假设晶体完美，则 X 射线在整个晶体内存在多种散射，这些 X 射线束可相互干扰。动力学衍射理论描述了这样的过程，根据动力学衍射理论，衍射强度 I 与结构因子 F 呈正比，即 $I \sim F$，半导体行业中经常可以看到单晶体。

动力学衍射理论用来描述晶粒尺寸较大的情况，即整个晶粒就是微晶。然而大多数晶体并不完美，各种取向的微晶组成，如图 7.2 所示，可分为马赛克晶和理想粉末。当 X 射线照射到不完美晶体时，仅存在一小部分微晶处于布拉格条件，并能发生衍射，图中仅存一个或者两个满足衍射条件。随着晶体的轻微旋转，一些微晶会满足布拉格条件，另一些将远离布拉格条件。在全角度扫描过程中，晶体的衍射能力是可测的，但晶粒的存在实质上造成了衍射峰的宽化。晶粒间的取向打破了衍射晶体间的连续性，从而不会发生动力学衍射的多重干涉效应。根据运动学衍射理论，多晶体的衍射强度 I 与结构因子 f 的平方呈正比[53]。

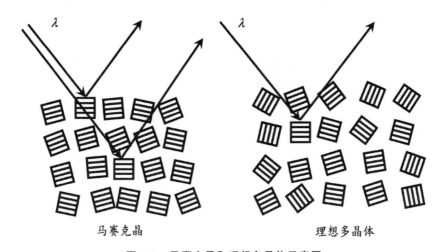

马赛克晶　　　　　　　　　理想多晶体

图 7.2　马赛克晶和理想多晶体示意图

7.2 理想多晶体衍射

多晶体材料是由数目庞大的晶体构成，以单晶的角度来考虑运动学衍射理论，仅需一小步便可想象多晶衍射。对于单晶体：需配置入射束和衍射束以满足布拉格方程并发生衍射现象；如果入射束和衍射束的条件不具备，则单晶体必须旋转，使角度满足布拉格方程，以发生现象。对于多晶样品：旋转操作往往不是必须发生，多晶样品是由尺寸不均一的微晶组成，对于微晶随机分布的多晶体材料，对于给定晶面间距 d_1，存在许多处于衍射的取向，与入射 X 射线束成 θ_1，从而满足布拉格定律：

$$\lambda = 2d_1\sin\theta_1 \qquad\qquad 7\text{-}1$$

如图 7.3 所示，多晶材料中存在一些微晶与入射 X 射线束流的夹角为 θ_1，由于多晶体中微晶数量庞大，从而形成了半顶角为 $2\theta_1$ 的衍射圆锥，θ_1 表示入射 X 射线束和晶面 d 的夹角，$2\theta_1$ 表示入射 X 射线束和衍射束间的夹角。

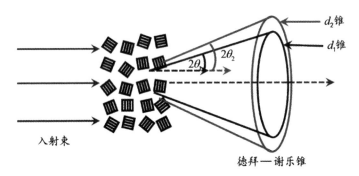

图 7.3　多晶材料对 X 射线的衍射现象

同时，在多晶体材料中也存在一些与入射束夹角为 θ_2 的微晶，从而使间距为 d_2 的晶面满足布拉格方程：

$$\lambda = 2d_2\sin\theta_2 \qquad\qquad 7\text{-}2$$

晶面间距为 d_2 的微晶经过散射后形成图 7.3 中的圆锥，半顶角为 $2\theta_2$；间距为 d_3 和 d_4 的晶面会继续发生衍射并以此类推。这些圆锥与平面照相底版或二维探测器形成直径不同的同心圆，因此早期的粉末衍射称为德拜—谢乐环。

接下来，利用运动学衍射理论将原子结构和衍射强度建立联系，如图 7.3 所示，实际检测的衍射强度可从照相机照片或一定区域的 X 射线探测器获得，无论采取哪种方法，测试的衍射强度均会受到实验因素的影响，如样品状态、曝光时间以及几何模式。这些因素均构成了一系列 X 射线散射强度的修正，因此在理论 X 射线散射的分析过程中，必须对实验测量的衍射强度进行修正，才能基于原子结构以获得结构因子方程，最后经过校正获得衍射强度。

7.3　理想多晶体材料的衍射强度

7.3.1　利用结构因子方程计算衍射强度

利用结构因子方程计算衍射强度非常重要，电子、原子和晶体对 X 射线的散射较为复杂，但基于已知晶体结构计算衍射强度是需要掌握的，在本节中会逐步完成此操作。尽管在结构因子方程中包含复数运算，但可通过欧拉公式转化为正弦值和余弦值的求和，采用已知晶体结构计算衍射强度高度程序化，在这里进行详细地介绍。

NaCl 具有面心立方结构，晶格常数 a 为 5.638 Å，在晶胞中包含 4 个钠离子和 4 个氯离子，离子在晶胞中的位置如表 7.1 所示，那么晶面指数 {111}、{200} 和 {100} 的相对强度是多少呢，例如 I_{111}/I_{200}。

表 7.1　NaCl 中的原子占位

原子种类	原子占位			
Na$^+$	0，0，0	0，1/2，1/2	1/2，0，1/2	1/2，1/2，0
Cl$^-$	1/2，0，0	0，1/2，0	0，0，1/2	1/2，1/2，1/2

从结构因子方程开始：

$$F(S) = \sum_n f_n \exp\{2\pi i(hx + ky + lz)\} \qquad \text{7-3}$$

式 7-3 中的指数形式表示 X 射线散射波的振幅和相位，该结构因子方程也可写作由余弦函数和正弦函数的加和，其中式 7-4a 是弧度制的形式，式 7-4b 是角度制的形式：

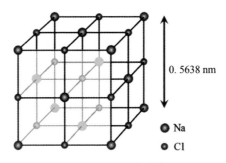

图 7.4　NaCl 晶胞结构图

$$F(S) = \sum_n f_n \cos\{2\pi(hx + ky + lz)\} + \mathrm{i}\sum_n f_n \sin\{2\pi(hx + ky + lz)\} \quad \text{7-4a}$$

$$F(S) = \sum_n f_n \cos\{360(hx + ky + lz)\} + \mathrm{i}\sum_n f_n \sin\{360(hx + ky + lz)\}$$

Eq. 7-4b

结构因子方程可采用如式 7-3 和式 7-4 所示的形式展开，其示意图如图 7.5 所示。其中，振幅表示圆的半径，相位表示相对于水平方向的角度。一般来说，分别计算余弦部分和正弦部分，最后利用勾股定理可获得最终的振幅。

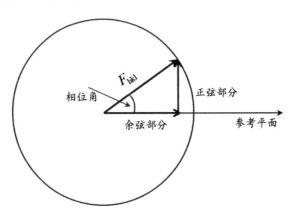

图 7.5　结构因子方程的欧拉形式展开

接下来，计算 {111} 晶面的衍射强度：

① 基于布拉格方程计算晶面间距 d：

$$d_{hkl} = \frac{a}{\sqrt{h^2 + k^2 + l^2}}$$ 　　7-5

利用式 7-5，NaCl 晶胞中 {111} 间距为：

$$d_{111} = \frac{5.638}{\sqrt{1^2 + 1^2 + 1^2}} = \frac{5.638}{\sqrt{3}} = 0.3255 \text{ Å}$$ 　　7-5

基于布拉格定律：

$$\lambda = 2d\sin\theta$$ 　　7-6

可获得：

$$\frac{\sin\theta}{\lambda} = \frac{1}{2d} = \frac{1}{2 \times 3.255} = 0.0154 \text{Å}^{-1}$$ 　　7-7

② 计算原子散射因子 f_n

氯离子和钠离子对 X 射线的散射因子可由国际晶体学表查找，根据原子对 X 射线的散射存在形状效应，原子散射因子随 $\sin\theta/\lambda$ 变化而变化，对于 NaCl 的 {111} 晶面的 $\sin\theta/\lambda$ 是 0.154 Å^{-1}，表 7.2 中罗列除了 0 到 0.2 间的原子散射因子 f。可将 $\sin\theta/\lambda$ 的数值近似取为 0.15，则可获得氯离子和钠离子的原子散射因子，也可以采用插值法获得 $\sin\theta/\lambda$ 为 0.154 Å^{-1} 的精确值，得到表 7.3 中的结果。

表 7.2　原子散射因子

$\sin\theta/\lambda$	0.00	0.050	0.100	0.150	0.20
f_{Na^+}	10.00	9.884	9.551	9.035	8.39
f_{Cl^-}	18.00	17.460	16.020	14.120	12.20

表 7.3　插值法获得的钠离子和氯离子原子散射因子

$\sin\theta/\lambda$	0.150	0.154	0.20
f_{Na^+}	9.035	8.980	8.39
f_{Cl^-}	14.120	13.970	12.20

③ 计算晶胞结构因子 F_{111} 的余弦部分

以角度为单位计算晶胞结构因子 F_{111} 的余弦部分，共对应 8 项内容，涉及氯化钠晶胞中的 4 个钠离子和氯离子，将原子散射因子 f、原子坐标以及 $\{111\}$ 晶面，带入后可得：

$$\sum_n f_n \cos\{360(hx + ky + lz)\} = 8.98\cos\{360(1 \times 0 + 1 \times 0 + 1 \times 0)\} +$$

$8.98\cos\{360(1 \times 0 + 1 \times 0.5 + 1 \times 0.5)\} + 8.98\cos\{360(1 \times 0.5 + 1 \times 0 + 1 \times 0.5)\} +$

$8.98\cos\{360(1 \times 0.5 + 1 \times 0.5 + 1 \times 0)\} + 13.97\cos\{360(1 \times 0.5 + 1 \times 0 + 1 \times 0)\} +$

$13.97\cos\{360(1 \times 0 + 1 \times 0.5 + 1 \times 0)\} + 17.97\cos\{360(1 \times 0 + 1 \times 0 + 1 \times 0.5)\} +$

$13.97\cos\{360(1 \times 0.5 + 1 \times 0.5 + 1 \times 0.5)\} = 8.98 + 8.98 + 8.98 + 8.98 - 13.97 -$

$13.97 - 13.97 - 13.97 = -19.96$

11-8

④ 计算晶胞结构因子 F_{111} 的正弦部分

以弧度制为单位计算晶胞结构因子 F_{111} 的正弦部分，共对应 8 项内容，涉及到氯化钠晶胞中的 4 个钠离子和氯离子，将原子散射因子 f、原子坐标以及 $\{111\}$ 晶面，带入后可得：

$$\sum_n f_n \sin\{2\pi(hx + ky + lz)\} = 8.98\sin\{2\pi(1 \times 0 + 1 \times 0 + 1 \times 0)\} +$$

$8.98\sin\{2\pi(1 \times 0 + 1 \times 0.5 + 1 \times 0.5)\} + 8.98\sin\{2\pi(1 \times 0.5 + 1 \times 0 + 1 \times 0.5)\} +$

$8.98\sin\{2\pi(1 \times 0.5 + 1 \times 0.5 + 1 \times 0)\} + 13.97\sin\{2\pi(1 \times 0.5 + 1 \times 0 + 1 \times 0)\} +$

$13.97\sin\{2\pi(1 \times 0 + 1 \times 0.5 + 1 \times 0)\} + 17.97\sin\{2\pi(1 \times 0 + 1 \times 0 + 1 \times 0.5)\} +$

$13.97\sin\{2\pi(1 \times 0.5 + 1 \times 0.5 + 1 \times 0.5)\} = 0 + 0 + 0 + 0 + 0 + 0 + 0 + 0 = 0$

7-9

⑤ 计算晶胞结构因子 F_{111}

在数学上，可将晶胞对 X 射线的晶胞结构因子可表述为复数形式：

$$F_{111} = -19.96 + i \times 0$$

7-10

通过 $\{hkl\}$ 晶面的结构因子的余弦部分和正弦部分可轻易构建出直角三角形，斜边是 F_{hkl}，即：

$$F_{hkl}^2 = \{F_{hkl\,cos}\}^2 + \{F_{hkl\,sin}\}^2$$

7-11

对于 NaCl 晶胞来说，$\{111\}$ 晶面对 X 射线的散射可表述为：

$$F_{hkl}^2 = (-19.96)^2 + 0^2 = 398$$

7-12

（6）衍射强度 I_{111}

基于运动学衍射理论，X 射线衍射强度与振幅的平方呈正比，在不考虑校正的情况下，可以得出：

$$I_{111} = F_{111}^2 = 398 \text{ 单元}$$

7-13

其中的关键参数 f 的定义是相对于单电子对 X 射线的散射，简单来说，氯化钠 {111} 晶面对 X 射线散射的振幅是单电子对 X 射线散射的 398 倍。对于氯化钠晶体，4 个氯离子和 4 个钠离子共计 112 个电子，晶胞中原子间的排列使振幅从 112 降低至 19.96，这是由于散射形状因素干扰的结果。

上述内容已揭示了利用结构因子方程计算振幅或衍射强度的过程，然而这种理论计算基于晶体本身对衍射强度的理论预测，而实验测试的衍射强度还需考虑多重性因子 j、偏振因子 P、洛伦兹因子 L 和 X 射线吸收因子 A 以及温度因子的校正，其中多重性 j、偏振因子 P、洛伦兹因子 L，X 射线吸收因子 A 通常称为散射校正，而温度因子指的是实验条件，也与晶体结构息息相关，经校正的衍射强度的公式为：

$$I_{hkl} = cjPLAF_{hkl}^2$$

7-14

在式 7-14 中常数 c 认为包含所有剩余因素，如 X 射线曝光量和探测器的灵敏度等。接下来，以氯化钠为例，进一步描述这些校正因素。

7.3.2　多重性

在多晶 X 射线衍射中，衍射强度也会取决于随机取向的微晶。因此，在考虑特定布拉格晶面时，hkl 晶面的间距为 d，将会有统计数量的微晶以正确的角度 θ 取向可用于衍射。然而，可能存在其他的布拉格晶面 $h'k'l'$，也具有相同的晶面间距 d，那么也会存在晶面 $h'k'l'$ 的衍射，在衍射谱中检测到的是 hkl 和 $h'k'l'$ 散射时间的总和，但无法区分 hkl 和 $h'k'l'$ 的贡献，这种效应称为多重性[54]。在实际 X 射线衍射中，多重性相当普遍，这是在对称等效衍射中引入的，如图 7.6 所示，氯化钠的 {111} 存在 8 组等价晶面，这 8 组等价晶面分别是：111、11-1、1-11、-111、-1-1-1、-1-11、-11-1 和 1-1-1。

由于 {111} 晶面族存在 8 个等价晶面，这意味着衍射强度要增加 8 倍数；对于非立方晶系，{111} 晶面族的等价晶面的个数略有不同，会小于 8；而立方

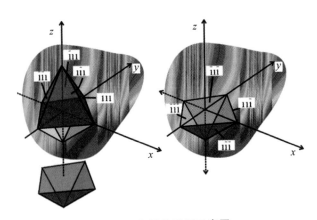

图 7.6　多重性因子示意图

晶系，{111} 晶面的等价晶面是 8。对于氯化钠晶胞，{200} 衍射峰的多重性是
6，{200} 和 {111} 衍射峰的多重性不一致。

7.3.3　偏振校正

7.3.3.1　偏振因子

　　X 射线光子的偏振方向因散射而改变，存在两种极端情况，当变化最大或
没有变化时，这取决于初始偏振是否包含在散射前和散射后 X 射线的晶面。

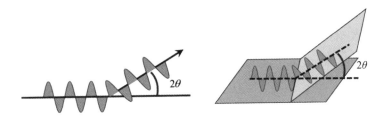

图 7.7　散射前后偏振因子的示意图

　　X 射线所受的偏振共分为 3 种（表 7.4）：①沿衍射分量的偏振分量减少了
散射角 2θ，因衍射强度正比于振幅的平方，衍射强度减少至 $\cos^2 2\theta$；②衍射分
量没有受到衍射过程的影响，因此无变化，缩减系数为 1；第一种情况和第二种
情况可由同步辐射仪来实现；③第一种情况和第二种情况的混合，实验室 X 射

线衍射源产生的非偏振 X 射线，即 X 射线在所有可能方向上相同，是第一种和第二种极限的平均值；3 种情况如表 7.4 所示，图 7.8 为 X 射线偏振因子示意图。

表 7.4 X 射线偏振因子

情况	类型	偏振因子
情况（1）	散射平面内的偏振	$P = \cos^2 2\theta$
情况（2）	垂直于散射平面的偏振	$P = 1$
情况（3）	非偏振 X 射线	$P = \dfrac{\cos^2 2\theta + 1}{2}$

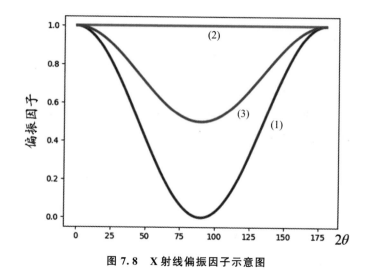

图 7.8 X 射线偏振因子示意图

从偏振因子可得到如下结论。

第一种情况：这种偏振因子的概率较低，其强度损失严重。当 $2\theta = 90°$ 时，衍射降低至零，也就是说在全角度范围内看不到衍射。因此，在光谱测量中，选择 $2\theta = 90°$ 作为实验条件以去除衍射分量。

第二种情况：这种偏振是 X 射线衍射的适宜情况，在全角度范围内没有因为偏振而造成强度损失，因此同步辐射衍射仪采用这种情况进行配置。

第三种情况：对应实验室衍射仪，无法避免衍射角度在 90° 时强度的降低，因此对其进行校正。

7.3.3.2　校正案例

以氯化钠 {200} 和 {100} 晶面作为案例，计算相应晶面的偏振效应，如果 X 射线衍射是在实验室粉末衍射仪上采用铜靶采集的，则计算 {111} 晶面的偏振因子：

① 计算布拉格角 θ 和衍射角 2θ

Cu K$_a$ 辐射的波长是 0.154 nm，带入布拉格方程可得：

$$1.54 = 2 \times 3.255 \times \sin\theta \qquad\qquad 7\text{-}15$$

$$\sin\theta = 0.237 \qquad\qquad 7\text{-}15a$$

$$\theta = \sin^{-1}(0.237) = 13.68 \qquad\qquad 7\text{-}15b$$

$$2\theta = 27.37 \qquad\qquad 7\text{-}15c$$

② 计算 {111} 晶面的偏振因子 P_{111}

$$P_{111} = (1 + \cos^2(2\theta))/2 = 0.894 \qquad\qquad 7\text{-}16$$

对于 {111} 晶面，偏振因子使衍射强度降低到 89%，而对于 {200} 晶面，经计算后，{200} 衍射的强度降低了更多。

7.3.3.3　单色器

当在衍射仪添加单色器后，实验室 X 射线仪产生部分偏振的 X 射线束，对于衍射样品，偏振程度取决于单色器的衍射角 $2\theta_M$，假设 X 射线源、单色器、样品和探测器在同一平面内，则单色器偏振校正的表达式：

$$P = \frac{1 + \cos^2 2\theta_M \cos^2 2\theta}{1 + \cos^2 2\theta_M} \qquad\qquad 7\text{-}17$$

如图 7.9 所示，蓝色线表示没有单色仪的偏振因子，橘黄色表示在 $2\theta_M$ 设置为 28.44° 的偏振因子（Si$_{111}$ 和 Cu K_{a1}）。

无论单色器放置于样品前后，偏振因子校正式 7-17 均正确，然而当单色器时完美晶时。例如，Si$_{111}$ 的校正因子是 $\cos^2 2\theta_M$ 还是 $|\cos 2\theta_M|$ 存在着争议。如果晶体结构是由单色器衍射仪采集，不进行单色仪偏振校正，会导致热振动参数较大，以弥补偏振校正的不足；如果是粉末 X 射线同步加器添加样品单色器的情况，入射 X 射线束保持 100% 平面内偏振，假设单色仪和衍射仪均垂直于平

面，那么 X 射线源到探测器的偏振保持不变，因此无须进行单色器校正。

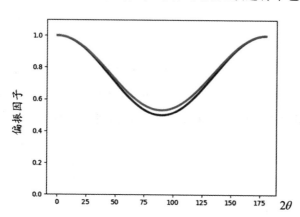

图 7.9　有无单色器偏振因子的示意图

7.3.4　洛伦兹因子

7.3.4.1　洛伦兹因子校正

随机微晶取向和精确布拉格微晶取向的统计学统计也需进行校正[55-56]，似乎微晶只有完全满足布拉格方程时，正确取向的微晶才会发生衍射。而事实上，满足布拉格定律的波长和晶面间距（λ 和 d）具有有限的扩展，这会使衍射在围绕平均值 2θ 附近范围内发生，即倒易点阵不是零尺寸的无穷小点。这意味着瓦尔德球并不是非常薄的壳体，而具有一定厚度（见图 7.10）。

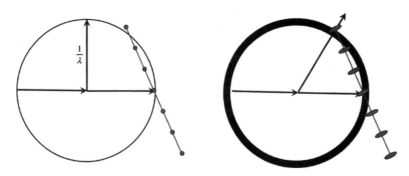

图 7.10　瓦尔德球无穷小与瓦尔德球面存在有限厚度

鉴于瓦尔德球面存在一定厚度的情况，在于多晶衍射实验条件相关时，会发生交叉或衍射的总体概率是多少？事实证明，答案因实验安排而已，对于理想多晶体排列，关系为：

$$L = c / (\sin\theta \sin 2\theta) \qquad\qquad 7\text{-}18$$

$$L = c' / (\sin^2\theta \cos\theta) \qquad\qquad 7\text{-}19$$

式 7-18 和式 7-19 均出现在相关文献中，阐述 c 的数值不同，计算衍射的相对强度，函数图形如图 7.11 所示。

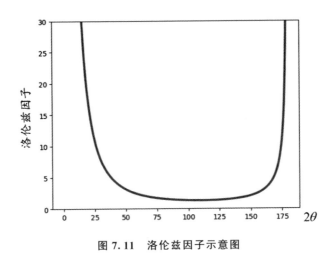

图 7.11　洛伦兹因子示意图

考虑到实空间中的过程可能会产生洛伦兹因子校正，对于多晶体样品，散射形成的德拜—谢乐锥在低角度和高角度记录更多的 X 射线光子，而散射角在 90°时，计数较小。德拜—谢乐锥简单地与散射角 2θ 的正弦值呈反比，即正比于 $1/\sin 2\theta$；第二项涉及布拉格衍射晶面中衍射微晶的校正因子，与布拉格角 θ 的正弦值呈反比，即正比于 $1/\sin\theta$。

7.3.4.2　校正案例

$$L_{111} = \frac{1}{\sin\theta \sin 2\theta} = 9.20 \qquad\qquad 7\text{-}20$$

以氯化钠 {111} 晶面衍射为例，适用在偏振校正中获得的布拉格角 θ，可计算相应的洛伦兹因子校正。对于衍射角 2θ 接近 $90°$ 时，洛伦兹因子 L 的数值较大；对于氯化钠〔200〕晶面来说，洛伦兹因子变小。因洛伦兹因子 L 的存在，粉末衍射谱中低角度会具有更强的散射。

7.3.5　吸收系数

X 射线在穿透材料时，吸收系数遵循 e 指数的衰减定理：

$$I = I_0 \mathrm{e}^{-\mu t} \qquad\qquad 7\text{-}21$$

在式 7-21 中，I_0 表示入射 X 射线的强度，I 表示穿透材料后的强度，μ 表示样品对 X 射线的吸收系数。吸收系数 μ 受原子序数和 X 射线波长的影响，吸收系数总体上近似于波长的 3 次方，对于吸收原子内特定电子跃迁处于不连续性，称为吸收边缘。

样品吸收明显会影响衍射强度，首要问题是潜在的厚度问题，讨论吸收时采用的值是 $1/\mu$。这等于透射几何模式中的样品厚度，即 $t = 1/\mu$。实际上，可以发现该厚度降低到 37% 左右。

根据典型传输介质的吸收系数（见表 7.5），可获得如下技巧：①衍射实验在真空或氦气而不是空气中进行的原因；②金属铍是制作 X 射线窗的适宜材料；③金属铅是用于包覆 X 射线设备的材料；④无机粉末厚度通常小于 1 mm 的原因。

表 7.5　典型传输介质的吸收系数

波长/nm	完美晶体	10^{-10} mbar 真空/km	氦气/m	空气	铍/mm	铝/mm	铅/μm	NaCl/μm	Ca (OH)$_2$/μm
0.056	∞	10^{11}	600	15	23.5	1.4	13	1110	840
0.154	∞	10^{10}	300	1	3.6	76	4	61	48

在考虑吸收效应的情况下，对于多晶体衍射，存在 2 种不同的衍射几何模式：①透射几何模式（薄板样品）；②反射几何模式（厚板样品）。

不同衍射几何模式的吸收效果完全不同，并总结如下：①薄板样品，吸收效应简单，路径长度介于 t 和 $t/\cos 2\theta$ 吸收随衍射角 2θ 而变化；②厚板样品，吸收效应计算复杂，但最终结果简单，具体而言，当布拉格角较小时，X 射线穿透的样品很浅；对于入射角较大的情况，相同路径意味着穿透的深度较大；

最终的结果是 X 射线的净吸收保持恒定，不受布拉格角 θ 的影响，这意味着可以忽略吸收作用的影响，这也是反射几何模式应用的原因。

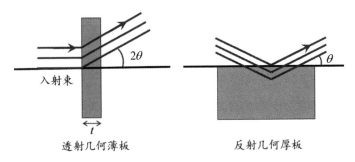

图 7.12　反射模式与透射模型示意图

7.3.6　一致性检验

$$I_{hkl} = c j_{hkl} P_{hkl} L_{hkl} A F_{hkl}^{2} \qquad\qquad 7\text{-}22$$

式 7-22 将衍射强度与结构因子关键起来，计算反射几何模式的衍射强度，可忽略吸收系数 A，计算氯化钠〔111〕晶面对 X 射线的散射强度：多重性因子 j_{111} 是 8；偏振因子 P_{111} 是 0.894；洛伦兹因子 L_{111} 是 9.20；氯化钠晶胞对 X 射线散射的强度是 398，结合上述校正因子可获得〔111〕晶面的理想散射强度：$I_{111} = 26\,188\ cA$。在 X 射线衍射中，绝对强度的意义并不重要，而相对强度的概念是重要参量，在反射几何模式中，对比不同晶面的散射强度，常数 c 和吸收因子会取消。

对于氯化钠的〔200〕晶面，其对 X 射线的衍射强度为 $I_{200} = 273\,162\ cA$，在本节未详细介绍，读者可自行计算。未经校正时，〔111〕和〔200〕晶面对 X 射线散射的比率是 0.052；经多重性因子、偏振因子和洛伦兹因子校正后，理想多晶衍射谱中〔111〕和〔200〕衍射峰的比率是 0.096；理论结果与实验结果基本吻合（见表 7.6）。

$$\frac{F_{111}^{2}}{F_{200}^{2}} = 0.052 \qquad\qquad 7\text{-}23$$

$$\frac{I_{111}}{I_{200}} = 0.096 \qquad\qquad 7\text{-}24$$

表 7.6　氯化钠标准卡片

衍射角	晶面间距	结构因子	晶面	衍射强度	相对衍射强度
27.466	3.2447	18.44	{111}	44382	0.085
31.820	2.8100	85.58	{200}	523499	1.000
45.620	1.9870	72.67	{220}	340562	0.651
54.077	1.6945	10.59	{113}	9833	0.019
56.693	1.6224	64.61	{222}	109520	0.209

7.3.7　温度因子

温度也会对理想多晶衍射谱的衍射强度产生影响[55-56]，然而温度与多重性因子、偏振因子、洛伦兹因子以及吸收因子，表述为乘法效应，其原因是在晶体结构中，不同原子间的表达方式不同。利用结构因子方程计算衍射强度的基本假设是所有原子处于静止状态，但随温度升高，原子从其平均位置产生更多的振动，这种振动涉及多原子的复杂耦合运动。如果只考虑单原子的独立运动，则可适用简单的技巧：认为修改原子散射因子 f 以表示电子云的净展宽，即将原子从静止状态 f 修改为 f_T：

$$f_T = f \exp\left(\frac{-B\sin^2\theta}{\lambda^2}\right)$$

7-25

上述假设温度因子 B 和原子散射因子在所有方向上相同，称为各向同性温度因子；与此相对，允许原子在不同的方向上振动，称为各向异性温度因子，可以椭球形的方式说明，以表示原子的振动角度分布（见图 7.13）。

图 7.13　酪氨酸分子各向异性示意图

引入温度因子后，完整的结构因子方程可表述为：

$$F(S) = \sum_n f_n N_n \exp\{2\pi i (hx + hy + lz)\} \exp(\frac{-B\sin^2\theta}{\lambda^2}) \qquad 7\text{-}26$$

对于各向同性的热运动，乘以额外的乘数 N，以利用结构因子方程考虑警晶体结构中的原子无序现象。因此，如果原子占位一般，则会设置为 0.5，这相当于原子散射因子 f 减少 50%。

第八章　Rietveld 精修原理

Rietveld 结构精修是指利用多晶衍射数据全谱信息，在假设晶体结构模型和结构参数基础上，结合峰形函数来计算多晶衍射谱，并用最小二乘法调整结构参数与峰形参数使计算衍射谱与实验谱相符，从而使初始晶体结构向真实晶体结构逐渐逼近，得到样品晶体结构信息的方法[45]。

Rietveld 精修的主要目的是从高质量粉末衍射数据得到物相定量结果、结晶度以及比较准确的晶体结构参数，如晶胞参数、晶粒尺寸、微观应变、原子坐标、占有率和温度因子[20,55,56]。

8.1　Rietveld 精修简介

8.1.1　Rietveld 精修

Rietveld 精修方法以积分强度 I_{k0} 作为初始积分强度，为计算 $n+1$ 圈的衍射强度，以式 8-1 所示的迭代算法：

$$I_k^{n+1} = \sum_i I_k^n \Omega_{ik} \frac{y_{io} - y_{ib}(n)}{y_{ic}(n) - y_{ib}(n)} \qquad 8\text{-}1$$

在式 8-1 中，y_{ib} 表示衍射峰背景；y_{io} 表示测试的衍射强度。

相对于 Pawley 提出的迭代方法，Rietveld 精修方法更加稳定有效，是最常用的适用技术。在晶体结构已知时，Rietveld 精修方法效率高。Rietveld 精修方法是为研究中子衍射而开发的，现已扩展到 X 射线衍射领域，Rietveld 算法实现了挖掘衍射谱中的所有信息，即① 仪器特征：仪器分辨率曲线，与测角仪偏差的位移参数，衍射几何模式，探测器特征等；② 晶体结构特性：晶胞参数、原子占位、占有率、温度因子等；③ 微观结构特征：微晶尺寸、微观应变；④

择优取向特征：微晶性质、织构；⑤ 其他特征：残余应力、偏心、厚度、透明度、相组分等。

Rietveld 精修方法以拟合优度最小化为原则，以测试谱中的所有测试点为依据，以所有 N_Φ 相的理论谱结合背景来拟合测试谱。基于结构因子方程以及相应的校正，Rietveld 校正的理论公式为：

$$y_{ic} = y_{ib} + \sum_{\Phi}^{N_\Phi} S_\Phi \sum_{k=K_1}^{K} j_{\Phi k} LP_{\Phi k} \mid F_{\Phi k} \mid^2 \Omega_{i\Phi k} A_i \qquad 8\text{-}2$$

在式 8-2 中，S_Φ 表示比例系数，与物相的体积分数呈正比，如式 8-3 和式 8-4：

$$S_\Phi = \left(\frac{\rho' \upsilon}{\rho V_c^{\,2}} \right)_\Phi C \qquad 8\text{-}3$$

$$C = \frac{\Phi_0 \lambda^3 h w t}{8\pi^2} \qquad 8\text{-}4$$

在式 8-3 和 8-4 中：ρ' 表示样品有效密度；ρ 表示物相 Φ 的理论密度；υ 表示物相 Φ 的体积；V_c 表示物相 Φ 的晶胞体积；Φ_0 表示入射 X 射线的通量；h 和 w 分别表示探测器狭缝的高度和宽度；t 表示测试时间；r 表示样品与探测器的距离；$j_{\Phi k}$ 表示物相 Φ 晶面指数的多重性因子；$Lp_{\Phi k}$ 表示洛伦兹—偏振因子；$P_{\Phi k}$ 表示物相 Φ 的择优取向因子；$\mid F_{\Phi k} \mid$ 表示物相 Φ 结构因子的模值，包括温度因子；$\Omega_{i\Phi k}$ 表示物相 Φ 的谱函数，涉及仪器宽化和样品宽化；A_i 表示吸收因子，涉及衍射几何模式和样品。

在 Rietveld 精修公式中：第一个求和符号表示所有物相 Φ 的累计；第二个求和符号表示所有 $\{hkl\}$ 衍射峰在第 i 的理论值。衍射峰谱函数 $\Omega_{i\Phi k}$ 在布拉格峰位两侧迅速衰减，因此，在衍射峰两侧范围内，这对于计算角度 $2\theta_i$ 具有重要的意义。如果衍射峰峰形为高斯函数，衍射峰两侧的范围通常为半峰宽 FWHM 的 1.5 倍，但由于洛伦兹因子的影响，衍射峰两侧的强度会显著增加。

8.1.2 精修软件

Rietveld[45] 精修程序是为中子衍射而编写，随后很多衍射学家对程序和算法进行了改进，形成了不同的精修软件，例如 GSAS、Fullprof、MAUD、Jana、

Smartlab、TOPAS、reflex 等。这些软件适用的迭代程序和精修参数多适用复杂的约束程序[55, 57-60]，并可多阶段进行进修。例如，可利用 Fullprof 软件精修磁结构；可利用 Jana 软件[61] 精修调制结构；可利用 MAUD 软件结合织构与微结构参数；大多数软件中均提供了可视化的功能，详细内容可参见用户手册。

8.1.3 晶体学数据库

晶体学数据库可为 Rieteld 精修程序提供已解析的晶体学文件，后缀名为".cif"格式由晶体学联盟开发，cif 文件提升了 Rietveld 精修的效率，涉及原子坐标。当晶体结构已知或与待分析结构密切相关，".cif"文件可为巨型晶胞提供基础数据。根据数据库开发方式的不同，可分为闭源数据库和开源数据库：对于闭源数据库，如 CCSD、ICDD 和 CRYDMET 等，获取 cif 文件时会收取费用；对于开源数据库，如 COD 和 AMCSD 等数据库，由少数研究人员在业余时间工作完成，可访问结构数量较少，开源数据库也可进行结构预测，以便进行第一性原理计算。

8.2 拟合优度

在 Rietveld 精修方法中，衡量 Rietveld 收敛才采用多个参数，最小二乘因子[56]，即 Δ：

$$\Delta = \sum_i w_i \{ y_i(obs) - y_i(calc) \}$$

8-5

为衡量收敛过程，第一种是权重 R 因子，即 R_{wp}：

$$R_{wp} = \left\{ \frac{\sum_i w_i \{ y_i(obs) - y_i(calc) \}^2}{\sum_i w_i y_i(obs)^2} \right\}^{\frac{1}{2}} \times 100\%$$

8-6

$$R_{wp} = \left\{ \frac{\Delta}{\sum_i w_i y_i(obs)^2} \right\}^{\frac{1}{2}} \times 100\%$$

8-6a

尽管这些权重因子在各种 Rietveld 代码中都是相同的，但差异很大，例如，将求和应用于轮廓点的所有点 i，或仅用于存在显著点衍射密度的那些点，因此不同程序可能对不同的数据点进行求和。另一个有趣的变化是使用了可精修的背景函数，这不会影响到分子项 Δ，但对分母项有很大影响，从 y（obs）中减去背景贡献的论据，剩余强度可用于确定结构参数。

第二种 R 因子，本质上是数据质量的度量，即 R_{exp}：

$$R_{exp} = \left\{ \frac{(N\text{-}P+C)}{\sum_i w_i y_i(obs)^2} \right\}^{\frac{1}{2}} \times 100\% \qquad 8\text{-}7$$

在式 8-7 中，N 表示观测点的总数，P 表示精修参数的数量，C 表示精修过程中的约束数量。对于大多数多晶衍射数据的结构精修，（$N-P+C$）主要由 N 决定。

衡量 Rietveld 精修收敛的第三个参数是 x，其可利用 R_{wp} 和 R_{exp} 两因子计算：

$$x^2 = (\frac{R_{wp}}{R_{exp}})^2 \qquad 8\text{-}8$$

此外，拟合优度还可采用不涉及峰形函数的 R 因子，其基于晶胞散射因子 F，最常用的是涉及衍射强度的 R_1 因子，即：

$$R_I = (\frac{\sum_{hkl} |I_{hkl}(obs) - I_{hkl}(calc)|}{\sum_{hkl} I_{hkl}(obs)}) \times 100\% \qquad 8\text{-}9$$

$$I_{hkl}(calc) = cj_{hkl}A(2\theta)L(2\theta)P(2\theta)F^2(hkl) \qquad 8\text{-}10$$

在式 8-10 中，I（obs）表示什么？由于它是测量的衍射轮廓，因此不能直接观察到单个积分强度，即便对于立方对称性也是如此。在 Rietveld 精修方法中，Lebail 模型可用于分离衍射强度，并获得 I（obs）。

8.3　结构因子 F_{hkl}

8.3.1　结构因子方程

（1）结构因子方程

在结构因子方程（见式 8-11）中，hkl 表示米勒指数，x_j、y_j 和 z_j 表示原子 j 在晶胞中的原子位置；f_j 表示原子 j 对 X 射线的原子散射因子；Nj 表示

晶胞中位置 j 的占有率；$\exp(-M_j)$ 表示原子的温度因子。如果所有原子的温度因子相同，则结构因子方程可简化为式 8-11b，此时温度因子与原子种类或原子占位无关；如果原子的温度因子不同，则结构因子方程只能利用式 8-11a。

$$F_{hkl} = \sum_j N_j f_j \exp\{2\pi i(hx_j + ky_j + lz_j)\}\exp(-M_j) \qquad \text{8-11a}$$

$$F_{hkl} = \exp(-M_j)\sum_j N_j f_j \exp\{2\pi i(hx_j + ky_j + lz_j)\} \qquad \text{8-11b}$$

（2）高阶空间表述

为能解释与三维周期性不匹配的衍射谱，如五重轴或非对称卫星点等，需定义大于三维空间的晶体，这种晶体称为超晶体。超晶体可用于描述周期性物体，可在 $1<t<n$ 和 $n>3$ 处引入独立的单位矢量，以定义 n 维超胞，n 维高阶空间的结构因子为：

$$F_{h_1 h_2,\,\cdots,\,h_n} = \sum_j N_j f_j \exp\{2\pi i(\sum_{t=1}^{n} h_t x_j)\}\exp(-M_j) \qquad \text{8-12}$$

8.3.2 原子散射因子

原子对 X 射线的散射 f_j 可由式 8-13 计算：$f_{j,0}(h)$ 是正常的原子散射因子，如果 $\sin\theta/\lambda=0$，则原子散射因子 $f_{j,0}(h)$ 是原子的核外电子数；$f_j'(\lambda)$ 和 $f_j''(\lambda)$ 由异常吸收引起，在吸收边缘处会发生显著的改变。当两原子序数相近时，可利用异常散布效应来增强原子对 X 射线的散射[62]。其中，原子散射因子可利用式 8-14 计算，在提供原子或离子时，可提供 9 个系数 a_i、b_i 和 c，i 是 $1\sim4$[63]。

$$f_j(h,\lambda) = f_{j,0}(h) + f_j'(\lambda) + if_j''(\lambda) \qquad \text{8-13}$$

$$f_0(\frac{\sin\theta}{\lambda}) = \sum_{i=1}^{4}[a_i\exp(-b_i(\frac{\sin\theta}{\lambda})^2)] + c \qquad \text{8-14}$$

8.3.3 温度因子

（1）各向同性

当晶胞中的温度因子各向同性时，结构因子方程中的温度因子校正如：

$$M_j = B_j(\frac{\sin\theta}{\lambda})^2 = 8\pi^2 <u_j^2>(\frac{\sin\theta}{\lambda})^2 \qquad \text{8-15}$$

在式 8-15 中，$B_j = 8\pi^2 <u_j^2>$ 表示物温度因子；$<u_j^2>$ 表示原子在其本征位置 j 振动的均方根，垂直于衍射面，单位是 Å^2。

（2）各向异性

如果原子所在位置的温度因子各向异性，则原子的振动本身受到相关的限制，则需进行相应的校正，可采用晶面指数 $\{hkl\}$ 定义温度因子，如式 8-16 和式 8-17。在式 8-16 中，β_{11}、β_{22}、β_{33}、β_{12}、β_{13} 和 β_{23} 表示椭球体热振动的特征系数；在式 8-17 中，各向异性的平均位移参数也用于描述温度因子的各向异性。

$$M_j = h^2\beta_{11} + k^2\beta_{22} + l^2\beta_{33} + 2hk\beta_{12} + 2hl\beta_{13} + 2kl\beta_{23} \qquad 8\text{-}16$$

$$M_j = 2\pi^2 \big[h^2 <u_{j,11}^2> a^{*2} + k^2 <u_{j,22}^2> b^{*2} + l^2 <u_{j,33}^2> c^{*2} + \qquad 8\text{-}17$$
$$2hk <u_{j,12}^2> a^*b^* + 2hl <u_{j,13}^2> a^*c^* + 2kl <u_{j,23}^2> b^*c^* \big]$$

（3）负热位移参数

热位移参数很难通过粉末衍射谱获得，尤其是在使用 X 射线衍射时，散射因子依赖于 $\sin\theta/\lambda$，对于非定向多晶体，位移参数的各向异性难以精修，热位移参数在较大的衍射角更强，因此衍射强度会更低。在 Rietveld 精修过程中，热位移参数可能会出现负值，这表明原子模型或数据出现了问题：①结构模型不恰当；②粒子统计性误差，尤其是在高角度范围内；③峰形函数不合适；④仪器样品未校正，吸收、粗糙度、偏振、光束、狭缝校正状态不良；⑤原子占据考虑不当，尤其是存在重原子情况下；⑥背景错误测定等。

8.4　谱函数 Ω

8.4.1　谱函数

（1）高斯函数

高斯函数是科学领域中的著名函数，很多物理和化学过程均可由高斯函数描述。在多晶衍射中，峰值附近任意 2θ 处的强度函数可描述为：

$$I(2\theta) = I_{max} \exp\big[-\pi \frac{(2\theta - 2\theta_0)^2}{\beta^2} \big] \qquad 8\text{-}18$$

在公式中，I_{max} 表示衍射峰强；$2\theta_0$ 表示衍射角峰位的最大值；积分宽度 β

与衍射峰的半峰宽 H 相关：

$$\beta = 0.5H(\frac{\pi}{ln2})^{1/2} \qquad \text{8-19}$$

高斯函数的重要特征是：①容易计算；②熟悉且易于理解；③可用于描述中子和能量色散 X 射线衍射峰，但不适宜描述角度色散 X 射线衍射峰；④卷积特性优异；⑤高斯函数对称。

衍射峰强度本质是峰面积，为方便计算，将高斯函数归一化，即峰面积为 1：

$$G = \sqrt{4(ln\frac{2}{\pi})(\frac{1}{H})\exp\{-4\frac{ln(2\theta - 2\theta_0)^2}{H^2}\}} \qquad \text{8-20}$$

（2）柯西函数

柯西函数也是常用的峰值函数，其形式为：

$$I(2\theta) = \frac{w^2}{w_2 + (2\theta - 2\theta_0)^2} \qquad \text{8-21}$$

在式 8-21 中，w 是峰宽的一半，即 $w = 0.5H$。

在柯西函数的主要特征：①计算容易；②相对于高斯函数，柯西函数强调峰形的尾部；③积分宽度，即式 8-22；④积分方便；⑤峰形对称。

$$\beta = \pi\frac{H}{2} \qquad \text{8-22}$$

因峰强与峰面积不同，通常对洛伦兹函数进行归一化处理：

$$L = \frac{2/(H\pi)}{1 + 4\frac{(2\theta - 2\theta_0)^2}{H^2}} \qquad \text{8-23}$$

（3）Pearson Ⅶ 函数

Pearson Ⅶ 函数[56] 是在 20 世纪 80 年代和 90 年代的一种流行函数，可用于描述实验室 X 射线衍射图谱中的峰形，Pearson Ⅶ 函数是洛伦兹函数的 m 次幂：

$$I(2\theta) = I_{max}\frac{w^{2m}}{[w^2 + (2^{1/2} - 1)(2\theta - 2\theta_0)^2]^m} \qquad \text{8-24}$$

在式 8-24 中，可选择 m 以适用特定的峰形，而 w 与缝宽有关：Pearson Ⅶ在 m 趋向于 1 时，Pearson Ⅶ 函数变为洛伦兹函数；当 m 趋向于无穷时，Pearson Ⅶ函数趋向于高斯函数，例如 $m>10$。

洛伦兹函数的主要特征是：①Pearson Ⅶ可通过改变参数 m 来处理衍射峰的尾部形状，比高斯函数和洛伦兹函数更好；②计算相对简单。

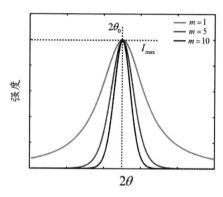

图 8.1　Pearson Ⅶ函数示意图

（4）组合函数

组合函数结合了高斯函数和柯西函数的功能，在描述 X 射线衍射峰时，两全其美超线性函数可以是高斯函数和柯西函数的卷积，也可以是柯西函数和高斯函数的线性叠加，也称为超线性函数[56]。超线性函数的形式为：

$$I(2\theta) = I_{hkl}\left[\eta L(2\theta-2\theta_0) + (1-\eta)G(2\theta-2\theta_0)\right]$$ 8-25

在式 8-25 中，L（$2\theta-2\theta_0$）和 G（$2\theta-2\theta_0$）分别表示归一化的洛伦兹函数和高斯函数，η 和 $1-\eta$ 分别表示衍射峰形中的组分。超线性函数和 Pearson Ⅶ函数常用于拟合衍射峰，但计算较为复杂。

8.4.2　衍射峰非对称性

在 X 射线衍射谱中，衍射峰经常会呈现出一些非对称性：在反射几何模式中，非对称性测角仪狭缝与样品信号的卷积；在透射几何模式中，一维线性狭缝与半孔径 α 间相交会引起衍射峰峰形失真，通常在低角度和高角度同时被检测到。在 Rietveld 精修过程中，使用非对称因子来校正这种影响，常用的校正方式有 Rietveld 校正、Howard 校正以及 Finger-Cox-Jephcoat 校正。

（1）Rietveld 校正

在 Rietveld 精修体系中[45]，衍射峰的非对称性可采用 Rietveld 校正：

$$A(2\theta_i\text{-}2\theta_h) = 1- \frac{A \operatorname{sign}(2\theta_i\text{-}2\theta_h)^2}{\tan\theta_h} \qquad 8\text{-}26$$

在式 8-26 中：A 表示精修参数；θ_h 表示布拉格峰位置。

（2）Howard 校正

在 Rietveld 精修体系中[64]，衍射峰的非对称性可采用 Howard 校正，采用 Simpson 或 Bode 积分规则，以 n 个衍射峰的形式应用，n 表示积分纵坐标的数量。如果使用超线性函数，则校正公式如：

$$\Omega_{ik}(2\theta) = \sum_{l=1}^{n} PV\left[2\theta_i - \frac{f_l(\alpha)P}{\tan(2\theta_k)}\right] \qquad 8\text{-}27$$

在式 8-27 中，P 表示非对称单数，$P=0$ 表示无校正。Simpson 和 Bode 规则系数 f_l 取决于求和的项数，$f_l(\alpha)$ 与坐标位置有关，α 表示精修参数。

（3）Finger-Cox-Jephcoat 校正

在 Rietveld 精修体系中，衍射峰的非对称性可采用 Finger-Cox-Jephcoat 校正[65]，该校正在物理上合理，可由 3 个参量表示：①样品到探测器的距离 L；②探测器狭缝的孔径 $2H$；③束斑（样品）尺寸，如果样品尺寸大于束斑尺寸，则为束斑尺寸；如果样品尺寸小于束斑点尺寸；符号为 $2S$。对于 X 射线衍射：$2H$ 表示探测器狭缝的水平宽度；2S 表示水平光束的尺寸；在 Rietveld 精修体系中，Finger-Cox-Jephcoat 校正的精修参量是 S/L 和 H/L。

8.5 校正因子

8.5.1 择优取向校正 P

在样品中，微晶可能沿一个或多个晶向取向，则需要考虑择优取向校正。在反射几何模式中，择优取向是影响衍射谱中相对衍射强度的重要参量，在结构精修过程中，择优取向往往需要模型化，但择优取向本身也能反映材料的结构信息，如微晶形状和织构。

如果样品为非理想粉末，在结构精修过程中，样品需尽量研磨或采用旋转策略以消除粒子统计性误差，剩余的织构信息需仔细地模型化。在 Rietveld 精修过程中：如果择优取向类型简单且对称性高，可用高斯函数进行模型化；如果择优取向类型复杂、多组分且无规则分布，则需进行定量择优取向分析。在择优取向分析过程中，通常包含 3 个参数：① 与宏观样品对称性的轴，如反射几何模式中的表面法线、透射几何模式中的圆柱轴；② 微晶晶体学取向 h；③ 织构强度，角度色散因子和织构因子。

（1）March 模型

在原始 Rietveld 精修程序中，March 模型是一种模型化择优取向的函数[66]：

$$P_h = \exp(-G_1\alpha_h^2) \tag{8-28}$$

$$P_h = G_2 + (1-G_1)\exp(-G_1\alpha_h^2) \tag{8-29}$$

在式 8-28 和式 8-29 中：G_1 和 G_2 表示精修参数；α_h 表示择优取向＜UVW＞和散射矢量的夹角。

（2）March-Dollase 模型

在 Rietveld 精修程序中，March-Dollase 函数是一种模型化择优取向的函数：

$$P_h = \left(r^2\cos^2\alpha_h + \frac{1}{r}\sin^2\alpha_h\right)^{-\frac{3}{2}} \tag{8-30}$$

在式 8-30 中，以微晶的择优取向围绕晶面法线呈高斯分布，r 是择优取向的强度参量，：当 r 为 1 时，样品为理想粉末，无择优取向；当 r 大于 1 时，样品中微晶为针状；当 r 趋于去穷时，样品为一维原子列；当 r 介于 0 和 1 之间时，样品中微晶为片状；当 r 为 0 时，样品为二维原子面。α_h 是散射矢量和择优取向的夹角，March-Dollase 函数模型内涵如下：①当 $\alpha_h = 0$ 时，March-Dollase 函数具有最小或最大的择优取向校正因子；②当 α_h 介于 0 到 90°时，March-Dollase 函数对称且平滑地变化；③在精修过程中，为拟合参数 r，需要输择优取向轴 hkl。

（3）修正 March-Dollase 模型

在 Rietveld 精修体系中，针对 March-Dollase 函数的理论模型也一直在完善：

$$P_h = f\{(r^2 \cos^2 \alpha_h + \frac{1}{r} \sin^2 \alpha_h)^{-\frac{3}{2}}\} + (1+f) \qquad 8\text{-}31$$

在式 8-31 中，参数 f 表示随机取向微晶的随机部分，按体积计，参数 f 与描述分量在特定 h 分布在样品法线的分布。因此，f 只用于描述具有 h 取向的微晶体积分布，1-f 表示不是 h 取向的体积分布，但并不一定随机分布。以四方晶系为例，微晶围绕 c 轴在法线周围呈现高斯分布，当 f 为 0.5 时，这表示 50% 的微晶具有（001）取向的高斯分布，然而尚缺少围绕 a 轴的信息，因此 1-f 并非意味着剩下的 50% 随机分布。

（4）Donnet-Jouanneaux 模型

在 Rietveld 精修体系中，Donnet-Jouanneaux 函数也是一种经验性的择优取向模型：

$$P_h = 1 + \frac{D \cos^2 \alpha}{1 + (G\text{-}1) \sin^2 \alpha} \qquad 8\text{-}32$$

在式 8-32 中，G 和 D 均是精修参数，D 为 0 表示无择优取向。

（5）任意织构模型

任意织构类型并不指代特殊模型，因此不能采用物理参数来解释织构。如果缺乏足够的数据，在精修过程中，完全没有去除织构；如果没有织构校正，拟合优度可能不令人满足，此时可强制进行择优取向以校正衍射强度，任意织构模型可为衍射峰分配任意值，以便能修正晶胞参数，随后织构系数可用于构建取向分布函数。

March 模型、March-Dollase 模型和 Donnet-Jouanneaux 模型仅适用于轴向分布的单分量织构，在散射矢量周围具有柱体对称性，适用于反射几何模式，在某些软件中，也可使用多织构组分来分析更加复杂的情况。对于块状样品，除非样品可进行破坏，否则应特别关注衍射几何和宏观坐标系：如果使用 θ-2θ 几何模式，情形较为简单；如果使用摇摆曲线，需定位样品中的平面法线。

March 模型、March-Dollase 模型和 Donnet-Jouanneaux 模型不允许使用分布密度来描述织构，不适用于取向分布函数的归一化计算。对于单晶体，微晶在空间内的分布近似于狄拉克函数，在取向处的概率密度趋于无穷大。而在材料中可能存在多种因素，如孔隙率和结晶状态等，采用几个参数描述织构较为困难。

8.5.2 洛伦兹—偏振校正 *Lp*

对于多晶衍射，洛伦兹因子校正如：

$$L = \frac{1}{\sin^2\theta\cos\theta}$$ 8-33

在 Rietveld 精修体系中，偏振因子的校正为：

$$p = \frac{(1 + \cos^2 2\theta_m \cos^2 2\theta)}{2}$$ 8-34

结合洛伦兹因子和偏振因子，洛伦兹—偏振因子的最终形式为：

$$Lp = \frac{(1 + \cos^2 2\theta_m \cos^2 2\theta)}{2\sin^2\theta\cos\theta}$$ 8-35

8.5.3 微吸收及粗糙度校正 *A*

当在低角度检测到系统衍射强度时，微吸收或表面粗糙度可用于校正高吸收材料，在 Rietveld 精修体系中，表面粗糙度可作为精修参量引入，其在低角度时较大，在 2θ 为 90°时，因光束垂直入射，无法分辨粗糙度，因此取值为 0，对于吸收性强的材料，表面粗糙度和微吸收会降低衍射谱中低角度的衍射强度。本节将反射几何模式中的微吸收和粗糙度进行校正。

（1）Sparks 模型

在 Rietveld 精修体系中，Sparks 模型[71] 是一种针对微吸收和粗糙度因子的单参数模型：

$$S_R = 1 - t(\theta - \frac{\pi}{2})$$ 8-36

在式 8-36 中，t 作为精修参数，Sparks 模型是线性模型，不能用于超低角度。

（2）Suotti 模型

在 Rietveld 精修体系中，Suortti 模型[72] 是一种针对微吸收和粗糙度因子的双参数模型：

$$S_R = 1 - p\exp(-q) + p\exp(-\frac{q}{\sin q}) \qquad 8\text{-}37$$

在 8-37 中，p 和 q 均作用精修参数，由于存在附加条件，Suortti 模型可用于低角度的吸收和粗糙度校正。

（3）Pitschke 模型

在 Rietveld 精修体系中，Pitschke 模型[73] 还可引入额外两个精修参数：

$$S_R = 1 - pq\exp(-q) + \frac{pq}{\sin q}(1 - \frac{q}{\sin q}) \qquad 8\text{-}38$$

（4）Sidey 模型

在 Pitschke 模型和 Suortti 模型中，精修参数与比例因子、原子位移参数和占有率存在强相关性。为提高精修程序的稳定性，提出了 Sidey 模型，接近于 Pitschke 模型和 Suortti 模型：

$$S_R = (\frac{\theta}{\pi/2})^{\frac{5}{\theta}} = \exp(\frac{s}{\theta}\ln\frac{\theta}{\pi/2}) \qquad 8\text{-}39$$

8.5.4 衍射峰位校正

因衍射仪调整不当或样品定位不准确，X 射线衍射谱可能会受到仪器或者样品的影响，在衍射峰位上存在偏移，此时需进行衍射峰峰位校正，两者均会对布拉格峰仪正弦或余弦的方式校正，本节介绍衍射峰的峰位。

（1）零点校正

如果衍射器相对入射束发生偏移，则所有衍射峰均会发生恒定的偏移 $\Delta\theta_0$，在 Rietveld 精修体系中，这种偏移需进行零点校正。

对于 $\theta\text{-}2\theta$ 反射几何模式中，零点校正可表述为：

$$\Delta 2\theta = -2s\frac{\cos\theta}{R} \qquad 8\text{-}40$$

在式 8-40 中，s 表示样品位移，R 表示测角仪半径。

对于 $\omega\text{-}2\theta$ 反射几何模型中，零点校正可表述为：

$$\Delta 2\theta = \frac{b\sin 2\theta}{R\sin\omega} \qquad 8\text{-}41$$

在式 8-41 中，b 表示样品位移，R 表示测角仪半径。

（2）样品偏心率

在反射几何模式中，样品偏心率是衍射峰位的最大误差源，有 Mat 提出并校正[75]：

$$\Delta 2\theta = -\frac{2s}{R}\cos\theta \qquad\qquad 8\text{-}42$$

在式 8-42 中，s 表示在矢量 K 方向上测角仪的样品位移，负号表示聚焦圆下方位移向低角度偏移，$-2s\mathrm{R}^{-1}$ 是精修参数。

（3）样品透明度

在反射几何模式中，样品透明度也是影响衍射峰位的因素，样品透明度的校正如：

$$\Delta 2\theta = -\frac{\sin\theta}{\mu R} \qquad\qquad 8\text{-}43$$

在式 8-43 中，μ 表示样品的线性吸收系数。

（4）样品共面度（反射几何）

在反射几何模式中，样品表面与测角仪的聚焦圆不同心，样品通常是平面，测角仪聚焦圆应与样品表面相切，这会导致衍射峰轮廓的非对称展宽即中心的移动，样品共面度的校正为：

$$\Delta 2\theta = -\frac{6}{a^2}\cot\theta \qquad\qquad 8\text{-}44$$

在式 8-44 中，a 表示入射 X 射线束流的发散度。

8.5.5 波长校正

对于 X 射线衍射，单色辐射的光谱分布并不是纯色的，光谱扩展也会导致衍射线的展宽增加。在 Rietveld 精修体系中，需考虑到波长校正，这种展宽可通过仪器的分辨率进行校正。多数衍射仪使用金属 K 系跃迁作为入射波长，单色仪也会受到金属 K 系峰形的贡献。例如，使用平面石墨单色器，马赛克晶中微晶的取向只有 $0.4°$，这样无法分离入射波长中的 $K\alpha_1$ 和 $K\alpha_2$ 谱线，由于两者的强度不同，因此需根据单色器进行实际情况调整。

8.6　背景函数 y_{ib}

8.6.1　背景组分

衍射谱中的背景函数可采用两种不同的方法进行建模，这取决于对背景信号的解释，如式 8-47 所示：

$$y_{ib} = y_{ip} + y_{isi} + y_{isc} + y_{in} \qquad 8\text{-}47$$

$$y_{ip} = y_{i\_air} + y_{i\_elec} + y_{i\_cos} \qquad 8\text{-}48$$

在公式 8-47 中，背景贡献的 y_{ib} 可分解为 4 项：y_{ip} 表示来自样品的物理贡献，如空气散射、探测器电子设备的贡献和宇宙射线（见式 8-48）；y_{isi} 表示样品对衍射谱背景的贡献，与晶体缺陷、荧光等非相干散射有关；y_{ics} 表示样品中独立相干散射的贡献，来自原子的热振动和晶格缺陷；y_{in} 表示噪声贡献，其平均值为 0；采用如上方法，背景模型可通过直接模型化背景或单组分背景两种模式。

8.6.2　经验公式

在 Rietveld 精修体系中，依据衍射谱背景，可自定义一组数据，用插值或拟合进行背景选择，插值和拟合可使用多项式或傅里叶级数[76] 进行操作，如 m 阶多项式函数、傅里叶级数展开以及线性插值。

（1）m 阶多项式函数

非维象函数，即多项式函数是模拟 X 射线衍射谱背景的一种选择，m 阶多项式指定了原点位置，可引入高斯函数来更改衍射峰的背景：

$$y_{ib} = \sum_{g=1}^{G} G_{ig} + \sum_{m=0}^{M} B_m \left[\left(\frac{2\theta_i}{Bkpos} \right) - 1 \right]^m \qquad 8\text{-}49$$

在式 8-49 中，G 和 M 表示高斯函数的总数和多项式的阶数，可对背景函数 y_{ib} 逐点计算。

（2）傅里叶展开

傅里叶级数展开也是一种模拟 X 射线衍射谱背景的方法：

$$B(i) = BK_0 + BK_1\cos(2\theta_i) + \cdots + BK_{11}\cos(11\theta_i) \tag{8-50}$$

在式 8-50 中，精修参数分别 BK_j，j 取 0~11。

（3）线性插值

线性插值也是一种模拟 X 射线衍射谱背景的方法，布鲁克纳[77] 提出将第 i 强度点的 y_i 替换维 2N 个相邻点的平均强度 $<y_i>$；i 点索引和模拟用在 X 射线衍射谱中，衍射峰两侧在忽略边界时可采用相同的方式进行计算：

$$<y_i> = \frac{1}{2N}\sum_{j=-N}^{N}y_{i+j}(j \neq 0) \tag{8-51}$$

8.6.3 物理方法

在 Rietveld 精修体系中，衍射谱背景可采用已知函数描述物理现象，也可使用维象函数，如非晶散射和热漫散射，Riello[78-79] 提出采用独立的非相干散射和相干散射的背景贡献，y_{ibs} 和 y_{isc} 与物相的比例因子 S_Φ 相关（见式 8-53 和式 8-54），这取决于衍射几何模式。

y_{isi} 描述来自物相 Φ 的非相干散射，可通过极化校正、吸收效应、单色仪通带和布莱特—狄拉克校正等：

$$y_{isi} = K_b Y_{isi} \tag{8-52}$$

$$y_{isi} = K_b[1 - \exp(-\xi s_i^2)]Y_{isc} \tag{8-53}$$

y_{isc} 是来自物相 Φ 的相干散射，也可通过极化和吸收效应进行校正：

$$Y_{isc} = 2K_b \frac{Y_{isc}\exp(-\xi s_i^2)}{1 + \exp(-\xi s_i^2)} \tag{8-54}$$

$$s_i = \frac{2\sin\theta_i}{\lambda} \tag{8-55}$$

$$K_b = \frac{16\pi^2 V_c}{180\lambda^3} \tag{8-56}$$

$$Y_{isc} = \sum_{晶胞}|f_{0,j}|^2 \tag{8-57}$$

在式 8-54~式 8-57 中，$f_{0,j}$ 表示原子散射因子；ξ 表示满散射过程中的全局无序参量，涉及原子的热振动和晶体缺陷，分别对应于第一类和第二类晶格无序现象。

第九章　择优取向—微晶形状

在利用多晶衍射谱进行晶体结构解析的过程中，择优取向术语无用信息，应尽量避免；在利用多晶衍射理论进行 Rietveld 精修过程中，择优取向可应用于微晶形状和织构分析。对于微晶形状，择优取向在德拜—谢乐环中表现在晶面指数各向异性的宽化；对于织构，择优取向在德拜—谢乐环中表现为连续但不均匀的强度。

因微晶形状对 X 衍射谱中的线宽和相对衍射强度产生影响，因此可基于 X 射线衍射谱定量分析研究微晶形状。如果组成试样的微晶有确定的形状，且形状与晶体学轴与明确的关系，则谢乐常数 K 取决于米勒指数。X 射线衍射聚焦于倒易空间格点的小范围内，格点扩展与微晶尺寸成反比。当微晶尺寸小于 1 μm 时，衍射线出现了明显的宽化，而宽幅由微晶尺寸和微晶形状所决定[84]。

的确，X 射线衍射无法精确地分析每个微晶形状，但可用于精确地表征绝大部分微晶，即其期望值，可直观地、可预测地看待微晶整体分布。当然，那些散落在期望之外的微晶难以把握，甚至会对模型产生显著的影响，可尽管如此采用统计学的方法来研究微晶形状，仍具有重要的研究意义。

9.1　引言

9.1.1　微晶形状

（1）微晶形状的表示方法

基于微晶形态的差异，微晶形状可大致分为片状微晶、类球体微晶和棒状微晶（见图 9.1）。对于球形微晶，直径 D 是其有效的表征参量；对于类球体微晶，等价直径$<D>$是其有效参量。对于片状微晶和棒状微晶，等效直径$<D>$

并不能有效衡量：对于片状微晶，厚度和的厚直比 η 是其有效参量；而对于棒状微晶，径长比和直径是其有效参量；综上所述，除直径外，径长比和厚径比是衡量非类球微镜的有效参量，即为微晶形状取向程度 η。为使取向程度 η 在 0 到 1 的范围内，使用径长比和厚径比来衡量棒状微晶和片状微晶[85-87]。

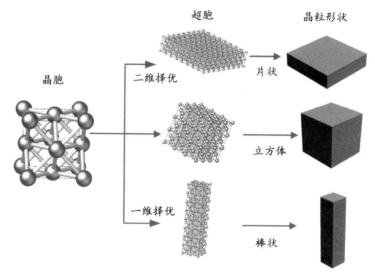

图 9.1 微晶形状示意图

因微晶是由晶胞经三维周期性平移而成，其必然要涉及微晶取向，从晶体生长的角度来看，若晶胞沿一维晶向 [UVW]，则形成棒状微晶；若晶胞沿二维晶面方向 (hkl) 择优排列，其垂直于晶向 [UVW]，则形成片状微晶；若晶胞沿三维方向同等排列，对于立方晶系材料，微晶具有立方体外形；对于四方、六方、正交、单斜和三斜晶系晶系材料，微晶形状与晶胞一致。

综上所述，作为欧拉空间中的晶向指数 $<UVW>$ 和微晶形状取向程度 η 均是衡量微晶形状的参量，可记作 $\eta_{<UVW>}$。

然而，在实际材料中，微晶形状可能不一致。即使微晶形状一致，在取向和取向程度上也存在差异，当微晶在尺寸和形状上均相同时，微晶尺寸通常定义为微晶体积的立方根；当微晶尺寸定义单个微晶体积立方根的平均值时，也可定义平均体积的立方根。对于 X 射线衍射展宽，例如谢乐公式，获得的尺寸对应于表观微晶尺寸 ε，与等价微晶尺寸 p 存在差异，通常表观微晶尺寸 ε 略小

于等价微晶尺寸 p。

（2）基本假设

微晶形状和织构同属于择优取向，均是相对理想多晶衍射谱的偏差。在宏观层面上：微晶形状在全空间随机分布；而织构呈现各向异性。类似于色彩空间，织构和微晶形状分别对应于彩色图和灰度图，两者在三原色相同时汇聚，在相异时分离。然而对于灰度图，黑色（0，0，0）、白色（255，255，255）和灰色（一种 125，125，125）也应进行详细的区分。对于微晶形状，可细分为棒状、类球状和片状。

如果微晶形状因排列，会呈现织构特性。为从择优取向中区分微晶形状，本章中对微晶形状的基本假设是：①微晶形状明确，即棒状、类球状和片状；②微晶形状相对于微观晶体学坐标系具有明确的方向；③微晶在全空间中随机分布，即形成均匀的德拜—谢乐环（见图 9.2）。

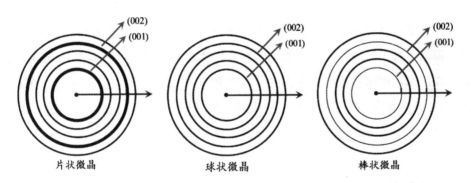

图 9.2 微晶形状对德拜—谢乐环的影响（六方晶系）

9.1.2 微晶形状表征方法

为表征微晶形状 $\eta_{<uvw>}$，图像法是最常用的表征方法：①采用光学显微镜（OM）、扫描电子显微镜（SEM）和透射电子显微镜（TEM）等形貌学手段是统计取向程度 η 的有效方法；②采用透射电子显微镜（TEM）结合电子衍射（SAED）、（CEBD）、纳米束衍射（NAED）等衍射方法或相位衬度（HREM）分析微晶形状取向。

在表征微晶形状上，图像法的优势在于方便、直观，但在分析微晶取向

<$UVW>$ 时，也面临着难题，如图 9.3 所示，不正确的微晶会导致取向分析出现错误。

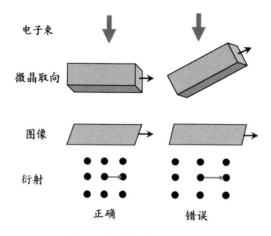

图 9.3　微晶取向分析示意图

　　在表征微晶形状上，图像法的劣势在于：① 因统计数量有限，误差较大，对于粉体材料，受制样方法的影响，对于块体样品，受破坏性的影响；② 微晶是三维图像，而图像法是二维图像，在利用二维图像重构三维微晶时存在系统误差；③ 当微晶存在明显的团聚行为时，例如，在粉体材料中，团聚颗粒或在块体材料中团聚为晶粒，图形法无法表征微晶形状。

9.2　重影法

　　当微晶为球状时，德拜—谢乐公式可基于 X 射线衍射展宽分析微晶尺寸，微晶尺寸与衍射峰展宽呈反比，谢乐公式适用于分析亚微米级别的球形微晶尺寸，谢乐常数 K 为常数[84]。当微晶形状不是球体时，谢乐常数 K 则不是常数。如果能建立谢乐常数 K 与晶粒形状和 $\{hkl\}$ 晶面间的依赖关系，则谢乐公式可扩展至任意形状。

　　表观微晶尺寸可反映垂直于衍射晶面厚度的平均值，可从方差范围函数中的斜率获得，表示微晶体积与平行于衍射平面上投影的比率。根据方差范围曲线对谢乐公式的影响，谢乐公式可根据微晶形状和晶面指数，绘制成谢乐公式的表格，以便在实际应用中使用。

斯塔克斯和威尔森发现，与衍射峰积分宽度相对应的表观微晶尺寸是沿垂直于衍射晶面的平均值：

$$\varepsilon_\beta = \frac{1}{V}\iiint T\,\mathrm{d}x\,\mathrm{d}y\,\mathrm{d}z \qquad\qquad 9\text{-}1$$

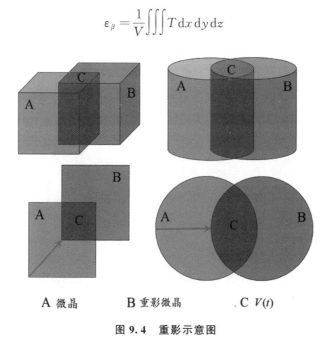

A 微晶　　　**B** 重影微晶　　. **C** $V(t)$

图 9.4　重影示意图

在式 9-1 中，V 表示微晶体积；T 表示垂直于衍射晶面方向上通过 xyz 点的微晶尺寸。将微晶沿垂直于衍射晶面的方向上移动距离 t，可获得"重影"微晶，对微晶以及重影微晶所共有的体积 $V(t)$ 进行积分：

$$\varepsilon_\beta = \frac{1}{A}\int V(t)\,\mathrm{d}t \qquad\qquad 9\text{-}2$$

基于方差范围函数，在重叠距离 t 范围内积分，可获得微晶垂直于方向上投影面积的平均值，即：

$$\varepsilon_k = \frac{1}{A}\iint T\,\mathrm{d}y\,\mathrm{d}z \qquad\qquad 9\text{-}3$$

在式 9-3 中，A 表示投影面积，可通过表观微晶尺寸来获得半峰宽：

$$\varepsilon_k = \left[\frac{1}{V}\iiint T^{-1}\,\mathrm{d}x\,\mathrm{d}y\,\mathrm{d}z\right]^{-1} \qquad\qquad 9\text{-}4$$

或者表述为微晶及其重影微晶重叠区域 $V(t)$ 的初始斜率：

$$\varepsilon_k = -\frac{V}{V'(0)} \tag{9-5}$$

式 9-5 是获得不同微晶形状谢乐常数的重要表达式，积分宽度可用于衡量，对应于方差范围函数的斜率。因厚度 T 与 x 无关，对 x 积分后可获得 T，因此式 9-1 可简化为：

$$\varepsilon_\beta = \frac{1}{V}\iint T^2 \mathrm{d}y\,\mathrm{d}z \tag{9-6}$$

很显然：

$$V = A <T>_{\mathrm{A}} \tag{9-7}$$

在式 9-7 中，尖括号表示投影面积的平均值，也用类似符号来表示微晶体积的平均值，即

$$\varepsilon_\beta = <T>V = <T^2>A / <T>A \tag{9-8}$$

$$\varepsilon_k = <T^{-1}>^{-1}V = <T>A \tag{9-9}$$

利用方差范围曲线，可容易获得表观微晶尺寸，然而却不能表示体积平均值或投影面积平均值，最简单的方式是利用 $V(t)$ 的初始二阶导数：

$$\varepsilon_T = V/V''(0) \tag{9-10}$$

而经过推导，谢乐常数与衍射线展宽的展宽可表述为：

$$K_j = p/\varepsilon_j \tag{9-11}$$

当微晶形状为球体、立方体、四面体和长方体时，利用重影法所获得的谢乐常数如表 9.1 所示。

在分析微晶形状上，重影法的优势在于：可分析任意微晶形状，能区分类球体微晶，即球体、立方体、八面体、四六面体、六八面体等形状。

在分析微晶形状上，重影法的劣势在于：①理论复杂，缺乏衍射理论的人员难以处理；②程序代码编写复杂，不利于自动化模型，效率低下；③模型精确，模型微晶与实际微晶难以对应。

表 9.1　微晶形状的积分宽度（K_β），方差斜率（K_k）和方差截距（K_T）谢乐常数

微晶形状	K_β		K_k		K_T	
晶粒	$h \geqslant k+l$	$h \leqslant k+l$	$h \geqslant k+l$	$h \leqslant k+l$	$h \geqslant k+l$	$h \leqslant k+l$
情况	$\left[\dfrac{2}{V}\displaystyle\int_0^\tau V(t)\mathrm{d}t\right]^{-1}$		$-\dfrac{V'(0)}{V}$		$\dfrac{V''(0)}{V}$	
球体	1.0747		1.2090		0	
立方体	$\dfrac{6h^2}{N^{1/2}}[6h^2-2(k+l)h+kl]$		$\dfrac{H}{N^{1/2}}$		$\dfrac{H^2}{N}-1$	
四面体	$\dfrac{2h}{3^{1/3}N^{1/2}}$	$\dfrac{H}{3^{1/3}N^{1/2}}$	$\dfrac{3h}{2\cdot 3^{1/3}N^{1/2}}$	$\dfrac{3H}{2\cdot 3^{1/3}N^{1/2}}$	$\dfrac{3h^2}{2\cdot 3^{1/3}N}$	$\dfrac{3H^2}{2\cdot 3^{1/3}N}$
长方体	$\dfrac{1}{2}[q-\dfrac{K_k}{p}\dfrac{q^2}{2}+\dfrac{K_T}{2p^2}\dfrac{q^2}{3}-\dfrac{hkl}{N^{3/2}p^3}\dfrac{q^4}{4}]^{-1}$		$p(\dfrac{h}{p_1}+\dfrac{k}{p_2}+\dfrac{l}{p_3})/N^{1/2}$		$2p^2(\dfrac{hk}{p_1 p_2}+\dfrac{kl}{p_2 p_3}+\dfrac{lh}{p_1 p_3})/N$	

晶面指数 h，k 和 l 被认为是 $|h|$，$|k|$ 和 $|l|$，并且 $h \geqslant k \geqslant l$；$H=h+k+l$，$N=h^2+k^2+l^2$，其中 q 是 $N^{1/2}p_1/h$，$N^{1/2}p_2/k$ 和 $N^{1/2}p_3/l$ 中的最小值

9.3　椭球体函数法

为构建表征微晶形状和尺寸的通用方法，椭球形方法将是一个合乎逻辑的选择[92]，即将球体通过拉长和压缩的球体而形成三轴形状的连续变化，以近似形成所有可能的微晶形状，可通过推球体函数构建简单的平均值。

9.3.1　椭球体函数

在笛卡尔坐标系 xyz 中，沿主轴放置的椭球体可描述为：

$$\frac{x^2}{r_a^2}+\frac{y^2}{r_b^2}+\frac{z^2}{r_c^2}=1 \qquad\qquad 9\text{-}12$$

在式 9-12 中，r_a、r_b 和 r_c 分别是椭球体的主轴。

而在笛卡尔坐标系中放置的任意椭球体可描述为：

$$a_{11}x^2+a_{22}y^2+a_{33}z^2+2a_{12}xy+2a_{13}xz+2a_{23}yz=1 \qquad\qquad 9\text{-}13$$

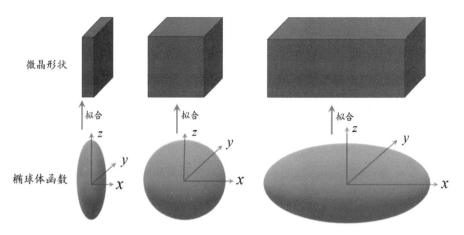

图 9.5 椭球体函数示意图[94]

对于任意椭球体函数，可利用 6 个椭球体系数 a_{ij} 表示。

椭球体系数可从椭球体主轴与坐标轴间获得：

$$a_{11} = \frac{c_{ax}^2}{r_a^2} + \frac{c_{bx}^2}{r_b^2} + \frac{c_{cx}^2}{r_c^2} \qquad\qquad \text{9-14a}$$

$$a_{22} = \frac{c_{ay}^2}{r_a^2} + \frac{c_{by}^2}{r_b^2} + \frac{c_{cy}^2}{r_c^2} \qquad\qquad \text{9-14b}$$

$$a_{33} = \frac{c_{az}^2}{r_a^2} + \frac{c_{bz}^2}{r_b^2} + \frac{c_{cz}^2}{r_c^2} \qquad\qquad \text{9-14c}$$

$$a_{12} = \frac{c_{ax}c_{ay}}{r_a^2} + \frac{c_{bx}c_{by}}{r_b^2} + \frac{c_{cx}c_{cy}}{r_c^2} \qquad\qquad \text{9-14d}$$

$$a_{13} = \frac{c_{ax}c_{az}}{r_a^2} + \frac{c_{bx}c_{bz}}{r_b^2} + \frac{c_{cx}c_{cz}}{r_c^2} \qquad\qquad \text{9-14e}$$

$$a_{23} = \frac{c_{ay}c_{az}}{r_a^2} + \frac{c_{by}c_{bz}}{r_b^2} + \frac{c_{cy}c_{cz}}{r_c^2} \qquad\qquad \text{9-14f}$$

在式 9-14 中，c_{ax} 表示 r_a 和 x 之间的角度的余弦值。

椭球体的平均尺寸，如沿方向 z，可计算沿 z 尺寸 T_z 的积分与椭球体的比率：

$$L_z = \frac{1}{V} \iint T_z^2 \, \mathrm{d}x \, \mathrm{d}y \qquad\qquad \text{9-15}$$

椭球体的体积可表述为：

$$V = \frac{4}{3}\pi r_a r_b r_c \qquad\qquad 9\text{-}16$$

以 z 作为自变量，以二次函数的形式来描述式 9-13，可得：

$$a_{33}z^2 + 2(a_{23}y + a_{13}x)z + [a_{11}x^2 + a_{22}y^2 + 2a_{12}xy - 1] = 0 \qquad 9\text{-}17$$

z_1 和 z_2 是式 9-16 的根，利用式 9-18，可得式 9-19：

$$\iint (z_1 - z_2)^2 \,\mathrm{d}x\,\mathrm{d}y \qquad\qquad 9\text{-}18$$

$$L_z = \frac{1}{V}\iint \frac{4[(a_{13}^2 - a_{33}a_{11})x^2 + (a_{23}^2 - a_{33}a_{22})y^2 + 2(a_{13}a_{23} - a_{12}a_{33})xy - a_{33}]}{a_{33}^2}\mathrm{d}x\,\mathrm{d}y$$

$$9\text{-}19$$

对 x 和 y 进行积分，并引入式 9-16，可获得：

$$L_z = \frac{3}{2\sqrt{a_{33}}} \qquad\qquad 9\text{-}19$$

利用式 9-14c 替换 a_{33}，可得：

$$L_z = \frac{3}{2\sqrt{\dfrac{c_{az}^2}{r_a^2} + \dfrac{c_{bz}^2}{r_b^2} + \dfrac{c_{cz}^2}{r_c^2}}} \qquad\qquad 9\text{-}20$$

则表观微晶尺寸则是

$$M = \frac{V}{A} \qquad\qquad 9\text{-}21$$

在式 9-21 中，A 表示垂直于衍射矢量的投影面积，设 Mz 表示 z 的维度，则在 xy 平面上的面积，可由 $z_1 = z_2$ 获得，即

$$4(a_{12}y + a_{13}x)^2 - 4a_{33}(a_{11}x^2 + a_{22}y^2 + 2a_{12}xy - 1) = 0 \qquad 9\text{-}22a$$

或：

$$\frac{a_{13}^2 - a_{11}a_{33}}{a_{33}}x^2 + \frac{a_{23}^2 - a_{22}a_{33}}{a_{33}}x^2 + 2\frac{a_{13}a_{23} - a_{11}a_{33}}{a_{33}}x = 1 \qquad 9\text{-}22b$$

利用式 9-22，椭球体的截面积为：

$$A_z = \frac{\pi}{\sqrt{\dfrac{(a_{13}^2 - a_{11}a_{33})(a_{23}^2 - a_{22}a_{33}) - (a_{13}a_{23} - a_{12}a_{33})^2}{a_{33}^2}}} \qquad 9\text{-}23$$

在这里引入式 9-14 中的系数 a_{ij}，并利用方向余弦进行坐标轴转变，最终可

获得最终表达式：

$$A_z = \pi r_a r_b r_c \sqrt{\frac{c_{az}^2}{r_a^2} + \frac{c_{bz}^2}{r_b^2} + \frac{c_{cz}^2}{r_c^2}}$$ 9-23

将式 9-16 带入式 9-21，可获得沿 z 方向上的平均表观尺寸：

$$M_z = \frac{4}{3\sqrt{\frac{c_{az}^2}{r_a^2} + \frac{c_{bz}^2}{r_b^2} + \frac{c_{cz}^2}{r_c^2}}}$$ 9-24a

或等价于：

$$M_z = \frac{4}{3\sqrt{a_{33}}}$$ 9-24b

则方向 z 上的推球体半径是：

$$r_z = \frac{1}{\sqrt{\frac{c_{az}^2}{r_a^2} + \frac{c_{bz}^2}{r_b^2} + \frac{c_{cz}^2}{r_c^2}}}$$ 9-25

结果表明，椭球体的平均尺寸在相同方向上对应于直径的 $4r/3$ 或体积平均的 $3r/2$，而对于表观微晶尺寸，其对应于直径 $3r/2$ 或者 $4r/3$。因此，椭球体在其主轴方向上的微晶尺寸为：

$$L_a = \frac{3}{2} r_a$$ 9-26a

$$L_b = \frac{3}{2} r_b$$ 9-26b

$$L_c = \frac{3}{2} r_c$$ 9-26c

$$M_a = \frac{4}{3} r_a$$ 9-26d

$$M_b = \frac{4}{3} r_a$$ 9-26e

$$M_c = \frac{4}{3} r_c$$ 9-26f

将式 9-26 带入式 9-20 和式 9-24a：

$$L_z = \cfrac{1}{\sqrt{\cfrac{c_{az}^2}{L_z^2} + \cfrac{c_{bz}^2}{L_b^2} + \cfrac{c_{cz}^2}{L_c^2}}} \qquad \text{9-27}$$

$$M_z = \cfrac{1}{\sqrt{\cfrac{c_{az}^2}{M_z^2} + \cfrac{c_{bz}^2}{M_b^2} + \cfrac{c_{cz}^2}{M_c^2}}} \qquad \text{9-28}$$

经过证明，微晶尺寸可用等价的椭球体函数表示，在计算椭球体系数 a_{ij} 时，需使用 L_a、L_b、L_c 或 M_a、M_b、M_c，而不是式 9-12 中的 r_a、r_b 和 r_c。

9.3.2　椭球体函数在 Rietveld 精修中的应用

任意椭球体均可用相对于晶轴的函数进行表示：

$$b_{11}x_c^2 + b_{22}y_c^2 + b_{33}z_c^2 + 2b_{12}x_cy_c + 2b_{13}x_cy_c + 2b_{23}y_cz_c = 1 \qquad \text{9-29}$$

令式 9-29 作为倒易晶格的椭球体方程，其中 x_c、y_c 和 z_c 可对应于倒易空间基矢 $\mathbf{a}^*$、$\mathbf{b}^*$ 和 $\mathbf{c}^*$，利用式 9-20 和式 9-24a 基于衍射矢量上的积分，而利用式 9-13 椭球体方程，可以倒易系数 b_{ij} 来表示椭球系数 a_{ij}，为进一步推导，引入如下表述：

$$x_c = p_1x + p_2y + p_3z \qquad \text{9-30a}$$

$$y_c = q_1x + q_2y + q_3z \qquad \text{9-30b}$$

$$z_c = r_1x + r_2y + r_3z \qquad \text{9-30c}$$

在式 9-30 中，x、y、z 是笛卡尔坐标系中的坐标，根据式 9-19 和式 9-24b，因 a_{33} 的重要意义，将变量分组可得：

$$a_{33} = b_{11}p_3^2 + b_{22}q_3^2 + b_{33}r_3^2 + 2b_{12}p_3q_3 + 2b_{13}p_3r_3 + 2b_{23}q_3r_3 \qquad \text{9-31}$$

因 z 沿衍射矢量，根据正倒空间变换关系，$p_3\mathbf{a}^*$、$q_3\mathbf{b}^*$ 和 $r_3\mathbf{c}^*$ 是单位矢量，因衍射矢量平行于倒易矢量：

$$r_{hkl}^* = h\mathbf{a}^* + k\mathbf{b}^* + l\mathbf{c}^* \qquad \text{9-32}$$

因其长度为 $1/d_{hkl}$，可得：

$$p_3 = d_{hkl}h \qquad \text{9-33a}$$

$$q_3 = d_{hkl}k \qquad \text{9-33b}$$

$$r_3 = d_{hkl}l \qquad \text{9-33c}$$

结合式 9-19、式 9-24b、式 9-31 和式 9-33，可得：

$$b_{11}h_2 + b_{22}k^2 + b_{33}l^2 + 2b_{12}hl + 2b_{23}kl + 2b_{13}hl = \frac{9}{4L_{hkl}^2 d_{hkl}^2}$$ 　9-34a

$$b_{11}h_2 + b_{22}k^2 + b_{33}l^2 + 2b_{12}hl + 2b_{23}kl + 2b_{13}hl = \frac{16}{9M_{hkl}^2 d_{hkl}^2}$$ 　9-34b

式 9-34a 和式 9-34b 是体积平均和表观平均微晶尺寸所引起的衍射线展宽的表达式，通过构建与倒易轴的关系，参考椭球体半径 r_a、r_b 和 r_c，排除归一化因子，可获得沿主轴方向的微晶尺寸，即 L_a、L_b、L_c 或 M_a、M_b、M_c[94]。

利用多晶衍射谱，利用椭球体函数拟合微晶形状，可获得倒易空间中的 6 个椭球体系数 b_{ij}。这些系数不仅可以反映微晶形状取向 $<UVW>$，也可用于反映其取向程度 η，即 $\eta_{<UVW>}$。

在表征微晶形状上，椭球体函数法的优势相当显著：代码编写方便，已应用于 GSAS、Smartlab 等精修程序中。

在表征微晶形状上，椭球体函数法的劣势在于：无法应用于立方晶系，椭球体函数的本质仍是谢乐公式的扩展，是微晶形状对衍射线展宽影响的完善。以 [100] 棒状微晶为例，(100)、(010) 和 (001) 晶面均体现在 ｛100｝ 衍射峰，(100) 会使衍射峰呈现尖锐且背底降低，而 (010) 和 (001) 会使衍射峰宽化且背底增加，因 3 者在无有效分离模型的前提下，椭球体函数无法分析立方晶系材料的微晶形状，但椭球体函数模型适用于分析四方、六方和三方晶系微晶形状体系。

9.4　March-Dollase 函数

March-Dollase 函数[67] 是一种常用的择优取向，但其精修参数 r 的物理含义是什么？当参数缺乏物理意义时，则模型化的价值有待完善。

9.4.1　March-Dollase 函数的理论基础

（1）样品几何模式

当样品为平板或者毛细管样品时，微晶形状对衍射谱相对衍射强度的影响可通过单极图分布进行校正，以获得微晶取向和取向程度。

常见的试样配置几何如图 9.6 所示，在平板样品几何中，样品发现平行于散射矢量，衍射的总强度与对应散射矢量位置上极密度呈正比，即：

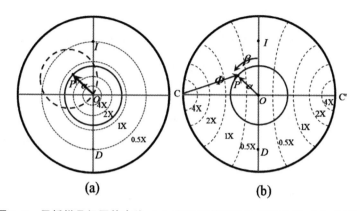

图 9.6　平板样品极图等高线（a）和毛细管样品极图等高线（b）示意图

注：I、D 和 O 分别表示入射束、衍射束及其平分线，毛细管轴为 CC′，虚线表示等高线。

$$I_h = sLP_h(O)F_h^2 \qquad\qquad 9\text{-}35$$

在式 9-35 中，s 表示比例因子，F_h 表示结构因子，P_h（O）表示散射矢量（hkl）处的密度。从理论来将，P_h（O）以及任何位置的极密度均可根据对样品的完整织构分析确定，

（2）微晶形状模型

理论上讲，P_h（O）以及极密度可通过完整织构分析来决定，即测试多衍射平面的极图，通过数据反演可获得其他未测试极图，此类测试需织构测试附件，并校正吸收、散焦和表面粗糙度，这种方法称为广义谐波方法，涉及广义谐波函数来表示极图。目前已研究了立方、六方和四方晶系体系[94]；样品需显著为柱体对称性；极图数量和谐波阶数可用于近似极图，这取决于择优取向的自由度。假设样品具有柱体对称性，其微晶形状是片状、棒状和球状，可采用择优取向校正的方法进行研究。这不需要多轴衍射仪，且可用于任何晶系。

平板样品导致如图 6a 极图分布（HKL）形成一定分布，微晶择优取向（HKL）轴与（hkl）夹角为 α，以对衍射强度做出贡献，微晶取向需在以样品为法线为中心 α 的圆，令 P 为衍射微晶之一，分布在（HKL）极图中的 P 处，（hkl）的极点需以 P 中心，半径为 α 虚线圆上的某个位置。March-Dollase 函数

的第二个假设是极密度相同，即到（hkl）虚线圆上任一点概率相同。如果微晶围绕（HKL）极旋转，则（hkl）则围绕虚线圆移动。如果微晶是片状或棒状且全空间随机分布，满足第二假设。

对于给定极点（HKL）任何方位找到（hkl）的均匀性，样品法线处的极密度等于与样品法线呈 α 处（HKL）的极密度，这就是：

$$P_h(O) = P_H(\alpha)$$ 9-36

在式 9-36 中，α 表示（hkl）和（HKL）间的夹角，对于平板样品，确定衍射择优取向校正因子 $P_h(O)$ 的问题在于寻找择优取向的一维极密度分布 $P_H(\alpha)$。

在毛细管传输几何中，（HKL）极的分布是沿毛细管轴对称，且可以一维极密度 $P_H(\varphi)$ 所描述，如图 9.6b 所示。从 $P_H(\varphi)$ 获得一维择优取向的校正因子 $SP_H(\alpha)$。对于毛细光传输几何，与散射矢量呈 α 角的（HKL）的极密度不再恒定，而是作为极密度坐标 α 和 β 的函数，因此 $P_h(O)$ 等于与散射矢量成 α 的平均（HKL）极点密度，即沿图 9.6b 完整圆的平均值，可通过积分获得：

$$P_h(O) = SP_H(\alpha) = \frac{2}{\pi}\int_0^{\pi/2} P(\alpha,\beta)\,\mathrm{d}\beta$$ 9-37

如果轴向及密度 $P_H(\varphi)$ 已知，可利用坐标变换来获得 $SP_H(\alpha)$：

$$\varphi = \cos^{-1}(\sin\alpha\sin\beta)$$ 9-38

（3）等效晶面

对于多晶样品，在衍射角 2θ 处通常来自对称等效晶面的衍射，对称等效集中各晶面与择优取向轴呈不同的夹角，这会导致每点极点密度通常有所不同，因此：

$$I_{2\theta} = sL\left[\sum_{i=1}^{m} P_H(\alpha_i)\right] F_h^2$$ 9-39

在式 9-39 中，α_i 是（HKL）与 m 等效衍射晶面的夹角，通常择优取向本身也隶属于等价晶面，该公式可定位为广义多重项。

（4）极图

获得 $P_H(\alpha)$ 曲线的方法之一是测试极图，这需要多重测角仪以及相应的倾斜校正。另一种确定 $P_H(\alpha)$ 的方法是分配其少量系数形式，这些系数在 Rietveld 精修中进行调整，以最大限度地满足测试谱和理论谱的拟合。首先将 $P_H(\alpha)$ 视为概率分布函数，即 P_H 在所有方向上积分为 1，当 α 为 0 和 $\pi/2$ 时对称；考虑到微晶形状，在 α 为 0 或 $\pi/2$ 处无尖点，即涉及 α 的一阶导数为 0。

Dollase 模型：当 $r<1$ 时，$\alpha=0$ 处极密度最大；当 $r>1$ 时，$\alpha=\pi/2$ 处极密度最大。因片状微晶和棒状微晶取向程度 η 的定义不同，建立 March-Dollase 函数中的 March 参数 r 和取向程度 η 的关联，对于完善 March-Dollase 函数的应用意义巨大。

$$P_h(O) = \left(r^2\cos^2\alpha + \frac{1}{r}\sin^2\alpha\right)^{-\frac{3}{2}}$$ 9-40

March-Dollase 模型（式 9-40）许多优势：①可作为微晶形状或者样品旋转的有效理论基础；②真实概率分布，在 α 为 0 和 $\pi/2$ 时对称且平滑；③可描述片状、球状和棒状微晶；④存在唯一可变参数 r，需输入择优取向轴。出于上述原因，March-Dollase 函数可直接作为择优取向校正来代替极图轮廓曲线。

9.4.2　March-Dollase 函数归一化

March-Dollase 函数参数 r 的物理意义是什么？尚待进行精细的研究，本节介绍 March-Dollase 函数的归一化[97]。

为方便对 March-Dollase 函数进行归一化，因 March-Dollase 函数是 r 和 α 的二元函数，积分在变量 α 进行，因此 March-Dollase 函数记为：

$$W(\alpha) = \left(r^2\cos^2\alpha + \frac{1}{r}\sin^2\alpha\right)^{-3/2}$$ 9-41

在式 9-41 中，$W(\alpha)$ 表示微晶择优取向的程度，倒易晶格矢量 H 平行于微晶择优取向 <UVW>，α 表示散射 H 和倒易矢量 h 的夹角。当 $r=1$ 时，表示微晶与晶胞形状一致，$W(\alpha)$ 与 α 无关，无择优取向；当 r 趋于 0 时，$W(\alpha)$ 是典型的狄拉克函数 $\delta(0)$，晶胞沿二维方向排列，形成单层晶粒；当 $0<r<1$ 时，$P(\alpha)$ 函数值当 $\alpha=0$ 时最大，即 $P(0)=r^2$，晶胞沿二维方向择优排列，形成片状晶粒；当 $r>0$ 时，$P(\alpha)$ 函数值当 $\alpha=0$ 时最大，$P(0)=r^{-3}$，晶胞沿一维方向择优排列；当 r 趋于无穷时，$P(\alpha)$ 是典型的狄拉克函数

δ（0），晶胞沿一维排列（极限）。式 9-41 描述了晶粒择优取向的分布，其归一化过程应将晶粒形状取向<UVW>倾角 α 范围内进行积分，如式 9-42 所示：

$$\int_0^{\pi/2} W(\alpha)\sin\alpha\,d\alpha = 1 \qquad\qquad 9\text{-}42$$

定义微晶取向程度的方法是以特定方式描述 $0 \leqslant \alpha \leqslant \alpha_0$ 的部分 $W(\alpha_0)$，基于式 9-42，$W(\alpha_0)$ 可描述为：

$$W(\alpha_0) = \int_0^{\alpha_0} (r^2\cos^2\alpha + \frac{1}{r}\sin^2\alpha)^{-\frac{3}{2}}\sin\alpha\,d\alpha \qquad\qquad 9\text{-}43$$

令 $\cos\alpha = t$，式 9-9 可转化为：

$$W(\alpha_0) = r^{3/2}\int_{t_1}^{t_2} dt\left[1 - (1 - r^3)t^2\right]^{-3/2} \qquad\qquad 9\text{-}44$$

将 $t = (1 - r^3)^{-1/2}\sin x$ 带入式 9-44，可得：

$$W(\alpha_0) = \left[\frac{r^3}{1 - r^3}\right]^{1/2}\int_{x_1}^{x_2} \frac{dx}{\cos^2 x} = \left[\frac{r^3}{1 - r^3}\right]^{1/2}(\tan x_2 - \tan x_1) \qquad\qquad 9\text{-}45$$

利用变量代换：

$$x = \arcsin\left[(1 - r^3)^{1/2}\cos\alpha\right] \qquad\qquad 9\text{-}46$$

可得：

$$W(\alpha_0) = \left[\frac{r^3}{1 - r^3}\right]^{1/2}\tan\{\arcsin\left[(1 - r^3)^{1/2}\cos\alpha\right]\}\Big|_{\alpha_0}^{0} \qquad\qquad 9\text{-}47$$

$$W(\alpha_0) = 1 - \xi \qquad\qquad 9\text{-}48$$

$$\xi = (1 + \frac{\tan^2\alpha_0}{r^3})^{-1/2} \qquad\qquad 9\text{-}49$$

如果 $\alpha_0 = \pi/2$，当 $\xi = 0$，$P = 1$，这也证明了式 9-42 归一化条件的正确性。对于理想多晶体即 $r = 1$，式 9-49 变换为：

$$\xi_p = \cos\alpha_0 \qquad\qquad 9\text{-}50$$

与理想多晶相比，微晶取向程度 η 是 $r \neq 1$ 超出 $P(\alpha_0)$ 的值，即：

$$\eta = 100\%\left[(1 - \xi) - (1 - \xi_p)\right] \qquad\qquad 9\text{-}50a$$

$$\eta = 100\%(\xi_p - \xi) \qquad\qquad 9\text{-}50b$$

$$\eta = \left[\cos\alpha_0 - (1 + \frac{\tan^2\alpha_0}{r^3})^{-1/2}\right] \qquad 9\text{-}50c$$

显然，η 取决于 α_0，例如，当 $\alpha_0 = 0$ 时，$\eta = 0$。因此，将夹角 α 设置一定范围，将以将 $W(\alpha)$ 等于随机粉末值得位置（见图 9.7）。

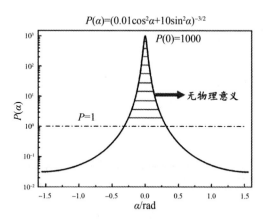

图 9.7　当 $r = 0.1$ 时，March-Dollase 函数 $P(r)$ 随 α 的函数图

$$w(\alpha_0) = (r^2\cos^2\alpha_0 + \frac{1}{r}\sin^2\alpha_0)^{-3/2} = 1 \qquad 9\text{-}51$$

当 $r \neq 1$ 时，求解式 9-51，可得：

$$\cos\alpha_0 = (\frac{1-r}{1-r^3})^{1/2} \qquad 9\text{-}52$$

将式 9-52 带入式 9-50，可得：

$$\eta = 100\% \left[\frac{(1-r)^3}{1-r^3}\right]^{1/2} \qquad 9\text{-}53$$

式 9-53 是建立微晶取向程度 η 和 March 参数 r 的重要关系式，但仍需进行检验和完善。

9.5　实例分析

因微观晶体学对称性的影响，以四方晶系和六方晶系的片状微晶、棒状微晶和球状微晶适宜作为实例分析，本节以六方晶系为例，对谢乐公式、椭球体函数以及 March-Dollase 函数在微晶形状分析上进行检验。以 Ni（OH）$_2$ 纳米片为例，不仅能避免粒子统计性误差，也能满足全空间随机分布，即形成均匀的德拜—谢乐环。

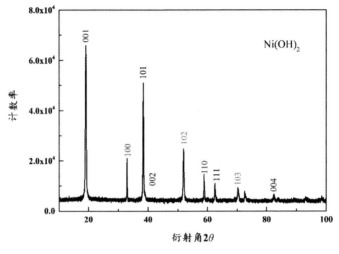

图 9.8　Ni（OH）₂ 实验谱

三方晶系 Ni（OH）₂ 的空间群为 p-$3m1$，劳厄群为-$3m$，通过度量方程计算可得 Ni（OH）₂ 的晶胞参数为 $a=3.13212$（11）和 $c=4.6102$（4）。根据相应的布拉格峰，可以发现衍射线展宽存在显著区别，即 {$00l$} 衍射线展宽显著；{$hl0$} 衍射线展宽不显著。因表观微晶尺寸与衍射线展宽成反比，即沿<$00l$>尺寸较小，沿<$hk0$>尺寸较大。这表明 Ni（OH）₂ 应呈现为<001>取向的片状微晶。

9.5.1　图像法

利用图像法分析 Ni（OH）₂ 样品，从 SEM 和 TEM 中发现 Ni（OH）₂ 具有明显的片状微晶结构，经由图像与相应的 SAED 可得片状微晶取向是<001>。经由 SEM 和 TEM 图形学的统计研究，沿 $hk0$ 和 $00l$ 的表观微晶尺寸分别是 278.40 nm 和 24.34 nm，可得片状微晶取向程度 η 为 8.74%，即片状 Ni（OH）₂ 微晶的择优取向程度为 8.71%<001>。

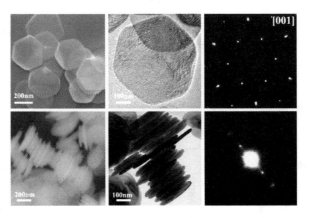

图 9.9 Ni (OH)$_2$ 图像法

9.5.2 谢乐公式

$$D = \frac{K\lambda}{\beta\cos\theta}$$

9-54

基于标准 Si 进行宽度校正后，利用超线性函数，可获得半峰宽，如表 9.2 所示。虽然谢乐公式（式 9-54）用于非球形微晶存在误差，但其可用于估算尺寸差异仍具有显著的意义，估算结果如表 9.2 所示，谢乐公式的结论支持半峰宽分析和图像学的结论。

表 9.2 校正后 Ni (OH)$_2$ 衍射峰半高宽

2θ (°)	半峰宽/°	hkl	表观微晶尺寸/nm
19.147	0.395	001	20.1
32.877	0.083	100	98.1
38.380	0.235	101	35.2
38.920	0.540	002	15.3
51.920	0.380	102	22.9
58.860	0.143	110	62.7
60.220	0.430	003	21.0
62.529	0.220	111	41.5
69.201	0.090	200	105.4
70.240	0.530	103	18.0

2θ（°）	半峰宽/°	hkl	表观微晶尺寸/nm
83.910	0.330	004	31.8

9.5.3 椭球体函数

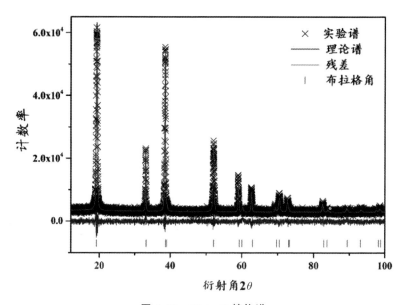

图 9.10 Rietveld 精修谱

利用 Rietveld 精修定量分析 Ni（OH）$_2$ 衍射谱，基于椭球体模型，利用衍射线各向异性的展宽，可获得椭球体系数（见表 9.3）。

表 9.3 椭球体函数系数

椭球体参量	b11	b22	b33	b12	b13	b23
系数	7.029×10^{-8}	7.029×10^{-8}	8.506×10^{-7}	3.515×10^{-8}	0	0

椭球体系数可用于描述片状 Ni（OH）$_2$ 微晶的取向程度，即

$$\eta_{<UVW>} = \frac{1}{b_{22}/b_{33}} = 8.3\%$$

9-55

由此可见，椭球体模型法适用于分析非立方微晶形状。

9.5.4 March-Dollase 函数

在 Rietveld 精修的基础上，采用 March-Dollase 函数作为择优取向校正后，获得的 March 参数 r 为 81.13% $_{<001>}$。根据 Dollase 在 March-Dollase 函数的论述，March 参数 r 描述片状 $Ni(OH)_2$ 微晶的厚径比，而 81.13% 接近于球形微晶，而从其图像学可以发现，片状 $Ni(OH)_2$ 微晶的厚径比较小（8.74%），这表明 March-Dollase 函数可用于分析片状 $Ni(OH)_2$ 微晶的取向 $<UVW>$，而 r（81.13%）无法衡量其取向程度 η（8.74%）。

因 March-Dollase 函数尚未归一化，采用归一化过程可得参数 η 和 r 的定量关系（见式 9-53），根据 March 参数计算后，可得微晶形状参数 $\eta_{<UVW>}$ 为 12.00% $_{<001>}$，在一定程度上，归一化的 March-Dollase 函数可用于分析微晶形状。

第十章　择优取向—织构

在制备多晶体材料过程中，例如金属材料冷热加工、晶体生长中，多晶体材料中各晶粒会沿某些方向有序排列，呈现或多或少的统计不均匀分布，即出现特定方向上聚集排列，出现在这些方向上取向的晶体增多的现象称为织构。

因织构与样品宏观外形具有明显的依赖性，也使一维衍射谱具备明显的重现性，而微晶统计性误差因器随机性重现性差，这也是微晶统计性误差和择优取向的显著区别。择优取向并不会改变总强度，而是在所有晶面衍射中重新分配，利用二维探测器可有效表征择优取向，利用 1D 和 0D 探测器需考虑织构样品的宏观对称性。对择优取向进行校正，需对其进行建模，常见的模型包括广义谐波函数等。

在使用广义谐波函数时，择优取向无须手动设置择优取向。当衍射峰不重叠时，可使用择优取向进行校正；对于复杂混合物，使用高阶广义谐波函数可能会造成负值，在使用过程中，应尽力避免。

10.1　织构表征方法

如何获取衍射谱上，需根据用途进行考量：如果仅用于物相分析，这也是制样的基本要求，则无须力求完美；如果用于定量分析或结构精修，则应保证衍射谱的可重复性；如果样品发生改变或破坏，那么这种试样方式是不推荐的。因此，本章介绍模型化块体材料的衍射谱，并进行织构分析。

为描述多晶体宏观样品坐标系（K_B）与微观晶体学微晶坐标系（K_A）间的关系（见图 10.1），经常把宏观外形和微晶向或晶面关联起来，旨在于揭示宏观样品与微晶取向的统计学关系。常见的织构类型：丝织构、面织构和板织构。对于丝织构：常出现在拉拔材料中，丝织构材料中的微晶往往沿一个或几个结晶学方向平行于轴向，一般以轴向作为宏观坐标系的轴，以$<UVW>$表示；对于面织构：常出现在锻压或压缩材料中，面织构往往以一晶面法线平行于压力轴，以$\{HKL\}$表示；对于板织构：常出现在轧制板材中，既受到拉力也受到压力，除晶体学方向平行于轧制方向外，某些晶面也平行于轧制面，以$\{HKL\}<UVW>$表示。

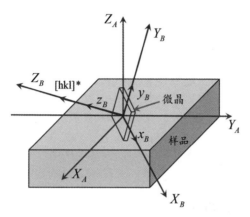

图 10.1　晶体学坐标系 $K_B = x_B, y_B, z_B$ 和样品参考坐标系 $K_A = x_A, y_A, z_A$

织构的表征方法主要存在两种，即 X 射线宏观织构和 EBSD 微观织构。①对于 X 射线宏观织构：织构分析依赖于极图测量；使用常规 $\theta/2\theta$ 衍射仪，配置织构附件，可保障样品沿 x 和方位角 φ 旋转，固定衍射角 2θ，倾转织构附件，可描述 $\{hkl\}$ 晶面的角分布图，也就是 $\{hkl\}$ 极图，通过算法将极图转化为取向分布函数、完整极图或反极图等表示方法。X 射线宏观织构分析的样品深度在微米级别，而分析区域受到束斑尺寸的限制，对于实验室衍射仪，在厘米级别。②对于 EBSD 微观织构：配置电子背散射衍射附件的扫描电镜，可检测反映晶粒取向的菊池花样，利用霍夫转变可转变为反映材料表面的取向信息；利用多个晶粒的取向信息可构建取向分布函数，称为微观织构。EBSD 微观织构的分析深度约为 100 nm，而样品分析区域受到扫描电子显微镜的限制，最大范围约为 100 μm × 100 μm。

目前，织构的常用表示方法（见图 10.2）主要有极图（PF）、反极图（IPF）和取向分布函数 $[ODF, f(g)]$：极图表示材料中的晶粒取向相对于宏观坐标系的分布；而反极图表示材料中的晶粒取向相对于晶体学坐标系的分布：取向分布函数〔ODF，f（g）〕是 Roe、Bunge 和 Haessner 开发的一种完整的织构表示方法，用于描述样品在 g 和 $g+dg$ 之间取向微晶的体积分数，理论上来讲，ODF 可以提供织构的全部信息。

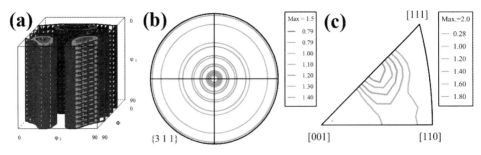

图 10.2　常用的织构表示方法

注：(a) 取向分布函数（3D ODF f（g））；(b) 极图（PF）；(c) 反极图（IPF）。

10.2　织构校正理论

在多晶衍射中，织构会引起衍射谱中相对衍射强度的变化，可用合适的模型进行织构校正，本节介绍广义谐波函数模型。运动学衍射理论揭示了多晶衍射，如果样品不是理想粉末，存在微晶形状和织构，则衍射谱中的相对衍射强度会发生畸变。这种效应可进行模型化，不仅可用于校正择优取向，也可用于分析微晶形状和织构。

10.2.1　织构校正方程

以对称反射几何平板样品为研究对象，旋转轴称为极轴 P，根据样品中微晶取向，轴 P 定义为微晶相对于晶体学坐标系的特定方向 (θ, φ)，其中 θ 和 φ 是球坐标，令 dV 表示在极轴方向 (θ, φ) 上立体角 $d\Omega$ 微晶的总体积，则极密度可定义为：

$$W(\theta, \varphi) = (dV/V_0)(d\Omega/4\pi) \qquad\qquad 10\text{-}1$$

在式 10-1 中，V_0 表示辐照微晶的总体积，极密度 $W(\theta, \varphi)$ 表示微晶取向的特征量，表示单位球面的密度。在理想粉末样品中，取向分布是均匀的，因

此 $W=1$。

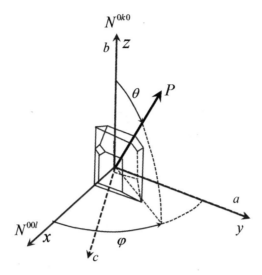

图 10.3　极轴方向示意图

注：极轴方向可由微晶坐标系（**abc**）的球坐标（θ，φ）。对于单斜晶系，笛卡尔坐标 y 和 z 分别平行于 a 和 b，而 x 垂直于轴 a 和 b，N^{hkl} 平行于法线 **hkl**。

对于对称散射几何，极轴于散射矢量重合，对 hkl 衍射起作用的是法向 N^{hkl} 平行于散射矢量的微晶，因衍射强度与散射体积呈正比，因此与其极密度 W (θ，φ) 呈正比。

如果样品倾斜使极轴与散射矢量呈角 α（见图 10.4），则只有极轴分布在圆 O (hkl，α) 的微晶对 hkl 衍射峰有贡献（见图 10.5），O (hkl，α) 是单位球面上的一个圆位于法线 N^{hkl} 的方向上其半径对应极角，hkl 衍射强度与 O (hkl，α) 上极密度的平均值呈真比，即：

$$I_{obs}^{hkl}(\alpha) = (T^{hkl}/2\pi\sin\alpha) \oint_{O(hkl,\,\alpha)} W(\theta,\,\varphi)\mathrm{d}s \qquad 10\text{-}2$$

在式 10-2 中，θ 和 φ 是极轴 P 的球坐标，T^{hkl} 比例系数，围绕球面 O 进行积分。

为从衍射谱中提取织构信息，可采用分析模型来拟合极密度，基于一组谐波系数 Y_{ij} 进行级数展开：

$$W(\theta,\,\varphi) = \sum_{ij} C_{ij} Y_{ij}(\theta,\,\varphi) \qquad 10\text{-}3$$

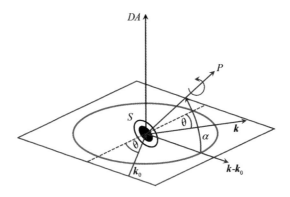

图 10.4　衍射几何示意

注：样品围绕极轴 P 旋转，矢量 k_0 和 k 分别表示入射束和衍射束的方向，k-k_0 表示散射矢量，

DA 表示衍射仪轴，θ 表示布拉格角，样品从<u>直立位置倾斜角度 α</u>。

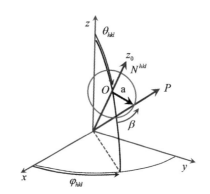

图 10.5　标系倾斜样品上的极轴方向

注：衍射微晶的极轴分布在圆心 O 在平面法线 Hhkl 方向上，其半径对应于倾角 α。

在式 10-3 中，$C_{00}=1$，而其他 C_{ij} 是精修参量。对式 10-2 进行积分后，可得：

$$I_{obs}^{hkl}(\alpha) = T_{hkl}\sum_{ij}C_{ij}Y_{ij}(\theta_{hkl},\ \varphi_{hkl})P_i(\cos\alpha) \qquad 10\text{-}4$$

在式 10-4 中，$P_i(\cos\alpha)$ 是勒让德多项式，$(\theta_{hkl},\ \varphi_{hkl})$ 是 hkl 晶面法向的球坐标。式 10-4 可简化为：

$$W_A(hkl,\ \alpha) = \sum_{ij}C_{ij}Y_{ij}(\theta_{hkl},\ \varphi_{hkl})P_i(\cos\alpha) \qquad 10\text{-}5$$

在式 10-5 中，W_A 表示圆 O 上的平均极密度 $W(hkl,\ \alpha)$ 称为样品在 hkl

衍射上的织构因子，如果样品为理想粉末，则 W_{idl} 为 1，即 $T_{idl}^{hkl} = T_{hkl}$，利用式 10-4 可得：

$$I_{idl}^{hkl} = \frac{I_{obs}^{hkl}}{W_A(hkl, \alpha)} \qquad 10\text{-}6$$

式 10-6 便是织构校正方程。如果样品满足柱体对称且系数 C_{ij} 已知，则可使用该方程。旋转样品是保证柱体对称的重要手段，丝织构是对柱体对称性的重要近似，此时可采用丝织构轴来代替极轴。

10.2.2　广义谐波函数

Kurki-Suonio 提出广义谐波函数的概念，用于分析晶体的电子密度：

$$Y_{ijp}(\theta, \varphi) = N_{ij} P_i^j (\cos\theta)^{\cos j\varphi}_{\sin j\varphi} \qquad 10\text{-}8$$

式 10-8 遵循晶体的点对称运算，涉及旋转、反射和反演，这取决于劳厄群的对称性。P_i^j 是关联的勒让德多项式，i 表示广义谐波级数的指数，j 表示不同级数的项，$0 < j < i$。

对于对称谐波：对于非立方晶系，称为轴向谐波函数，$sY_{ij\pm}$ 要么是 $Y_{ij\pm}$，要么是零；对于立方晶系，需省略 $ij+$ 的数值，也称为三次谐波函数，需在 [111] 方向上增加一个三重轴。表 10.1 中罗列了不同点群中指数 $ij\pm$，对于衍射强度校正，仅检查晶体的劳厄群就足够了。

式 10-6 是实验谱和模型谱间的耦合，如果测量具有不同 α 值的不同 hkl 衍射的积分强度 I_{obs}^{hkl} （α），可得到一组线性方程，其中独立方程数量需超过参数，以此获基于最小二乘法可得 T^{hkl} 和 C_{ij}，所需衍射峰的数量取决于晶体的对称性、织构程度和精度。当织构比较平滑时，采用六阶谐波展可对织构进行校正，在许多情况下，除零阶项外，二阶或三阶项目给出较好的结果。

表 10.1　坐标轴和指数的选用原则

晶系	空间群	劳厄群	坐标轴原则	指数原则
非立方晶系统	1～2	-1	任意	$(2\lambda, \mu, \pm)$
	3～15	2/m	$z \parallel 2,\ z \perp m$	$(2\lambda, 2\mu, \pm)$
	16～74	mmm	$z \parallel 2,\ y \perp m,\ z \perp m$	$(2\lambda, 2\mu, +)$
	75～88	4/m	$z \parallel 4,\ z \perp m$	$(2\lambda, 4\mu, \pm)$
	89～142	4/mmm	$z \parallel 4,\ y \perp m$	$(2\lambda, \mu, +)$
	143～148	-3	$z \parallel \bar{3}$	$(2\lambda, 3\mu, \pm)$
	149～167	-3/m	$z \parallel \bar{3},\ y \parallel m$	$(2\lambda, 3\mu, +)$
			$z \parallel \bar{3},\ x \parallel m$	$(2\lambda, 3\mu, +/-)$
	168～176	6/m	$z \parallel 6,\ z \perp m$	$(2\lambda, 6\mu, \pm)$
	177～194	6/mmm	$z \parallel 6,\ y \perp m,\ z \perp m$	$(2\lambda, 6\mu, +)$
立方晶系	195-206	m-3	$K_{00},\ K_{41},\ K_{61},\ K_{62},\ K_{81}$	
	207-230	m-3m	$K_{00},\ K_{41},\ K_{61},\ K_{81}$	

如果需要寻找精确的衍射强度 $I_{idl}^{hkl} = T^{hkl}$，显然需要额外的信息以足够的精度来解决公式 10-4，该信息可通过极图测试获得，这意味着测量了一系列 hkl 衍射的积分强度 $I_{idl}^{hkl}(\alpha)$，以 $5 \sim 10°$ 为间隔改变 α 值，这种方法是可靠和准确的。

10.3　实例分析

因织构会显著改变 X 射线衍射谱中的相对衍射强度，基于 Rietveld 分析可从 XRD 谱中获取织构分析。因在立方晶系和六方晶系的研究。本节以立方晶系银和六方晶系镁为例，介绍 Rietveld 精修在织构分析中应用。

10.3.1　立方晶系—丝织构

银 Fm-$3m$（225），晶系：面心立方；点群：m-$3m$；空间群：225。本节选择电镀银作为实例，进行织构分析，基于表 10.1 的选用原则，对于 m-$3m$ 的劳厄群。如果广义谐波函数的阶数选择 8，则对应的非零参数是 K_{00}，K_{41}，K_{61}，K_{81}。

以电流密度作为自变量，在铜板上进行电镀以获得不同电流密度下的银镀层。X射线衍射仪配置：X射线辐射为CuKα；探测器为DteX250（H），像素尺寸为0.05；索拉狭缝2.5°；光束模式为会聚束模式。如图10.6所示，可发现存在两相：①基体铜相Fm-3m（225）；②镀层银相Fm-3m（225）。从表10.2中可以发现，随着电流密度的增加，X射线衍射谱中的相对衍射强度发生了显著改变。这是由于银镀层收到X射线辐照不均匀的现象，属于典型的织构效应。

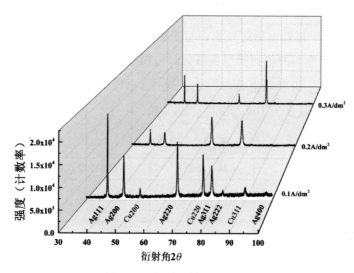

图10.6 银镀层的XRD图谱

表10.2 不同电流密度下衍射峰信息

电流密度	晶面	峰值强度	归一化	半峰宽	积分强度	归一化	W
0.1	111	16223	100.0	0.154	3685	100.0	1.00
	200	6899	42.5	0.263	2646	71.8	1.49
	220	10806	66.6	0.241	3725	101.1	3.39
	311	5379	33.2	0.375	2879	78.1	2.26
0.2	111	3045	100.0	0.150	864	100.0	1.00
	200	2003	65.8	0.415	1075	124.4	2.58
	220	5619	184.5	0.407	3165	366.3	12.30
	311	4751	156.0	0.510	3386	391.9	11.40

续表

电流密度	晶面	峰值强度	归一化	半峰宽	积分强度	归一化	W
0.3	111	6902	100.0	0.124	1086	100.0	1.00
	200	4997	72.4	0.150	1028	94.7	1.95
	220	2721	39.4	0.135	543	50.0	1.68
	311	12303	178.2	0.169	2787	256.6	7.44

利用超线性函数对图 10.6 中 XRD 谱中银镀层的衍射峰进行拟合，如表 10.2 所示。而基于运动学衍射理论，基于银晶胞所计算标准谱中的衍射强度如表 10.3 所示，强度为理想的狄拉克函数，{111} 晶面是主峰，为进行详细的对比，本节以 {111} 衍射峰进行归一化处理，{111}、{200}、{220} 和 {311} 衍射峰的相对衍射强度为 100、48.2、29.8 和 34.5。

表 10.3　银标准谱

	晶面	结构因子 F	衍射强度	归一化
标准谱	111	149.75	1 440 537	100
	200	141.98	694 304	48.2
	220	120.37	428 569	29.8
	311	109.89	497 411	34.5

如表 10.2 所示，在不同电流密度下，不同晶面的峰值、半峰宽和积分强度均存在显著的差异，以积分强度作为主要参照，可以发现不同电流密度下存在不同的相对衍射强度。

利用广义谐波函数（见式 10-9），对 X 射线衍射谱精修分析，选取广义谐波函数阶数 L，根据 m-$3m$ 劳厄群进行谐波分析：

$$A(\varphi, \beta, \psi, \gamma) = 1 + \sum_{l=1}^{L}(\frac{4\pi}{2+l})\sum_{m=-1}^{+l}\sum_{n=-1}^{+l}C_l^{mn}k_l^m(\varphi, \beta)k_l^n(\psi, \gamma) \quad 10\text{-}9$$

在式 10-9 中，谐波项 $k_l^m(\varphi, \beta)$ 和 $k_l^n(\Psi, \gamma)$ 分别表示由微观晶体学和宏观样品坐标系的对称性。其中，晶体坐标 (φ, β) 由于晶面 hkl 决定；样品坐标 (Ψ, γ) 由衍射仪几何决定。银镀层的生长过程中，受到电势的影响，属于丝织构，因此可利用广义谐波函数进行级数展开，不同电流密度下的理论谱如图 10.7 所示。

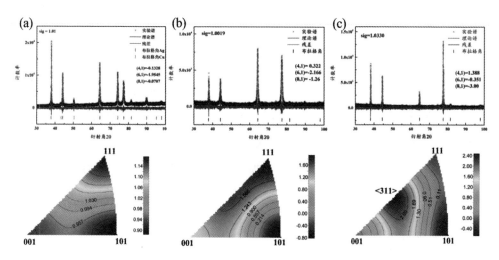

图 10.7　在不同电流密度下，银镀层的 Rietveld 理论谱及相应反极图[117]**，**

(a) 0.1 A/dm²；(b) 0.2 A/dm²；(c) 0.3 A/dm²。

利用 MAUD 软件，8 阶谐波指数可定量揭示衍射谱中的相对衍射强度：当电流密度为 0.1A/dm² 时，C_4^1、C_6^1 和 C_8^1 分别是 -0.1328、-1.9545 和 -0.0707；当电流密度为 0.2A/dm² 时，C_4^1、C_6^1 和 C_8^1 分别是 0.322、-2.166 和 -1.26；当电流密度为 0.3A/dm² 时，C_4^1、C_6^1 和 C_8^1 分别是 1.388、-0.351 和 -3.00；上述广义谐波参数可有效模型化 XRD 谱中的相对衍射强度效应，然而这些参数的物理意义却不直观。

利用 C_4^1、C_6^1 和 C_8^1 这些谐波指数，构建反极图（见图 10.7）：当电流密度为 0.1A/dm² 时，银镀层呈现为 <111> 丝织构，由表面能决定；当电流密度为 0.2A/dm² 时，银镀层呈现为 <111> 丝织构组分和 <200> 丝织构组分，由表面能和应变能决定；当电流密度为 0.3A/dm² 时，银镀层呈现为 <311> 丝织构，由表面能和应变能共同决定。由此可见，广义谐波函数可用于模型化 XRD 谱中的相对衍射强度，且可用于构建反极图，以可视化地衡量丝织构。

10.3.2　六方晶系—面织构

Mg P63mmc (194)，晶系：六方立方；点群：6/mmm；空间群：194。本节选择压缩镁作为实例，进行织构分析，基于表 10.1 的选用原则，对于

6/mmm 的劳厄群，如果广义谐波函数的阶数选择 8，则对应的非零参数是
$C_2^{1,1}$、$C_4^{1,1}$、$C_6^{1,1}$、$C_6^{2,1}$、$C_8^{1,1}$ 和 $C_8^{2,1}$。

以压下量为自变量，利用 Gleeble 热压缩对纯镁进行轴向压缩，获得压下量
为 8％和 16％的镁圆柱。测试压下量为 0％、8％和 16％镁圆柱的 X 射线衍射
谱，衍射配置：X 射线辐射为 Cu Kα；探测器为 DteX250（H），像素尺寸为
0.05；索拉狭缝 2.5°；光束模式为会聚束模式。

如图 10.8 所示，随着压下量的增加，X 射线衍射谱中相对衍射强度发生了
显著改变，这是典型的织构效应。为模型化衍射谱中的相对衍射强度，基于
Rietveld 分析，采用广义谐波函数来模型化压缩镁的衍射谱。

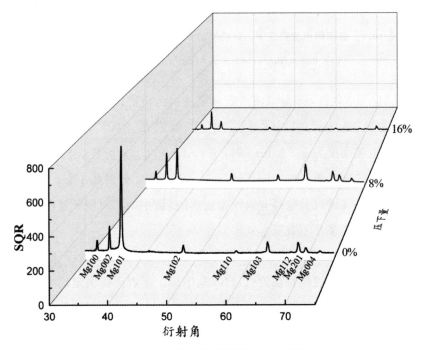

图 10.8 不同压下量镁的 XRD 图谱

利用超线性函数对图 10.8 中 XRD 谱中镁圆柱的衍射峰进行拟合，如表
10.4 所示。而基于运动学衍射理论，基于镁晶胞所计算标准谱中的衍射强度如
表 10.5，强度为理想的狄拉克函数，{101} 晶面是主峰，为进行详细的对比，
本节以 {101} 衍射峰进行归一化处理，{010}、{002}、和 {101} 衍射峰的相

对衍射强度为 23.8、26.5 和 100。

表 10.4　不同压下量的衍射峰信息

压下量	晶面	峰值强度	归一化	半峰宽	积分强度	归一化	W
	100	10 040	2.4	0.158	1912	2.3	0.097
0%	002	34 691	8.3	0.144	6066	7.1	0.267
	101	417 682	100.0	0.170	84 970	100.0	1.000
	101	8300	14.0	0.164	1624	12.9	0.540
16%	002	57 663	97.2	0.125	8611	68.5	2.580
	101	59 296	100.0	0.170	12 568	100.0	1.000
	101	2140	46.2	0.143	308	29.8	1.250
8%	002	23 409	505.8	0.098	2855	275.8	10.400
	101	4628	100.0	0.189	1035	100.0	1.000

表 10.5　镁标准谱

	标准谱									
晶面	010	002	101	102	110	013	112	201	004	022
结构因子 F	9.01	17.68	15.03	7.92	14.61	12.04	13.23	11.32	12.78	6.10
衍射强度	5657	6296	23 780	3635	4089	4499	4530	3181	632	759
归一化	23.8	26.5	100	15.3	17.2	18.9	19.0	13.4	2.7	3.2

　　如表 10.4 所示，不同压下量镁圆柱，不同晶面的峰值、半峰宽和积分强度均存在显著的差异，以积分强度作为主要参照，可以发现不同电流密度下存在不同的相对衍射强度。利用广义谐波函数（见式 10-9），对 X 射线衍射谱精修分析，选取广义谐波函数阶数 L，根据 $6/mmm$ 劳厄群进行谐波分析。

　　利用 MAUD 软件，8 阶谐波指数可定量模型化衍射谱中的相对衍射强度：当压下量为 0% 时，$C_2^{1,1}$、$C_4^{1,1}$、$C_6^{1,1}$、$C_6^{2,1}$、$C_8^{1,1}$ 和 $C_8^{2,1}$ 分别是 0.643、0.095、1.38、−0.263、−1.83 和 −0.385；当压下量为 8% 时，$C_2^{1,1}$、$C_4^{1,1}$、$C_6^{1,1}$、$C_6^{2,1}$、$C_8^{1,1}$ 和 $C_8^{2,1}$ 分别是 1.036、0.781、0.076、0.219、−1.22 和 0.220；当压下量为 16% 时，$C_2^{1,1}$、$C_4^{1,1}$、$C_6^{1,1}$、$C_6^{2,1}$、$C_8^{1,1}$ 和 $C_8^{2,1}$ 分别是 1.916、1.50、1.52、−0.655、1.44 和 0.05；上述广义谐波参数可有效模型化 XRD 谱中的相对衍射强度效应，然而这些参数的物理意义却不直观。

利用 $C_2^{1,1}$、$C_4^{1,1}$、$C_6^{1,1}$、$C_6^{2,1}$、$C_8^{1,1}$ 和 $C_8^{2,1}$ 这些谐波指数，构建极图（图 10.9）：压下量为 0％、8％ 和 16％ 的镁合金均为 ｛001｝ 基面织构，随压下量的增加，｛001｝ 织构强度逐渐增强。由此可见，广义谐波函数可用于模型化 XRD 谱中的相对衍射强度效应，且可用于构建极图，以可视化地分析面织构。

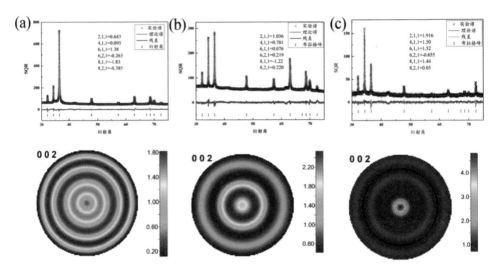

图 10.9　不同压下量镁圆柱样品的 Rietveld 理论谱及相应极图

参考文献

[1] 钟锡华. 现代光学基础 [M]. 北京：北京大学出版社，2012

[2] 李晓彤. 几何光学和光学设计 [M]. 浙江：浙江大学出版社，1997

[3] 徐家骅. 计量工程光学 [M]. 北京：机械工业出版社，1982

[4] 羊国光，宋菲君. 高等物理光学 [M]. 合肥：中国科学技术大学出版社，2008

[5] 梁铨廷. 物理光学 [M]. 机械工业出版社，1987

[6] Born M，Wolf，E，Principles of Optics：Electromagnetic Theory of Propagation，Interference and Diffraction of Light [M]. Cambridge：Cambridge University Press，1999

[7] Heywood P. Fourier Transforms and the Theory of Distributions [M]. Prentice Hall：The Mathematical Gazette，1966

[8] Lighthill MJ. Fourier Analysis and Generalized Functions [M]. Cambridge：Cambridge University Press，1960

[9] Shmueli U. International Tables for Crystallography，Vol. B，Reciprocal Space [M]. Amsterdam：Kluwer Academic Publication，1993

[10] Bracewell RN. The Fourier Transform and its Applications [M]. New York：McGraw Hill，1986

[11] Erdeyli A. Tables of Integral Transforms，Vol. I，Bateman Mathematical Project [M]. New York：McGraw-Hill，1954

[12] Brillouin L. Wave Propagation in Periodic Structures [M]. New York：Dover Publications，2000

[13] Landau LD，Lifshitz EM. Mechanics [M]. London：Pergamon Press，1976

[14] Cowley JM. Diffraction Physics [M]. Netherlands：Elsevier，1995

[15] Laue MV. Kritische Bemerkungen zu den Deutungen der Photogramme von Friedrich und Knipping [J]. Physikalische Zeitschrift，1913，14，421

[16] Bragg WH，Bragg，WL，The Reflexion of X-rays by Crystals [J]. Proceedings of the

Royal Society of London A，1913，88，428

[17] Doherty RD，Hughes DA，Humphreys FJ，et al. Current Issues in Recrystallisation：A Review [J]．Materials Science and Engineering A，1997，238，219

[18] Gottstein G，Shvindlerman LS. Grain Boundary Migration in Metals：Thermodynamics，Kinetics，Applications [M]．Roca Baton：CRC Press，2009

[19] Lau J. Implementation of Two-Dimensional Polycrystalline Grains in Object Oriented Micromagnetic Framework [J]．Journal of Research of the National Institute of Standards and Technology，2009，114，57

[20] James AK，Simon，JLB，Robert ED，et al. Powder Diffraction [J]．Nature reviews，2021，1，77

[21] Klug HP，Alexander LE. X-Ray Diffraction Procedures for Polycrystalline and Amorphous Materials [M]．New York：Wiley-VCH，1954

[22] Alexander LE，Klug HP. Basic Aspects of X-Ray Absorption in Quantitative Diffraction Analysis of Powder Mixture [J]．Analytical Chemistry，1948，20，886

[23] Buhrke VE，Jenkins R，Smith DK. A Practical Guide for the Preparation of Specimens for X-ray Fluorescence and X-ray Diffraction Analysis [M]．New York：Wiley-VCH，1998

[24] Debye P，Scherrer P. Interference of X-Rays，Employing Amorphous Substances [J]．Physikalische Zeitschrift，1916，17，277

[25] Hull AW. A New Method of X-Ray Crystal Analysis [J]．Physical Review，1917，10，661.

[26] Seemann H. Eine fokussierende röntgenspektroskopische Anordnung für Kristallpulver [J]．The Annalen der Physik，1919，364，455.

[27] Bohlin H. Eine neue Anordnung für röntgenkristallographische Untersuchungen von Kristallpulver [J]．The Annalen Der Physik，1920，366，421

[28] Guinier A. Arrangement for Obtaining Intense Diffraction Diagrams of Crystalline Powders with Monochromatic Radiation [J]．Comptes Rendus des Académie des Sciences of Paris，1937，204，1115

[29] Hull AW. A New Method of Chemical Analysis [J]．Journal of The American Chemical Society，1919，41，1168.

[30] Hanawalt JD，Rinn HW，Frevel LK. Chemical Analysis by X-Ray Diffraction [J]．Industrial Engineering Chemistry and Analytical Edition，1938，10，457

[31] LeGalley DP. A type of Geiger – Müller Counter Suitable for the Measurement of Diffracted X-Rays [J] . Review of Scientific Instruments, 1935, 6, 279

[32] Parrish W. X-ray powder diffraction analysis: film and Geiger counter techniques [J] . Science, 1949, 110, 368

[33] Göbel HE. The use and accuracy of continuously scanning position-sensitive detector data in X-ray powder diffraction [J] . Advances in X-Ray Analysis, 1980, 24, 123

[34] Schuster M, Göbel HE. Application of graded multilayer optics in X-ray diffraction [J] . Advances in X-Ray Analysis, 1996, 39, 57

[35] He BB. Two-Dimensional X-ray Diffraction [M] . New York: Wiley, 2009

[36] Hemberg OE, Otendal M, Hertz HM. Liquid-Metal-Jet Anode Electron-Impact X-Ray Source [J] . Applied Physics Letters, 2003, 83, 1483

[37] Fankuchen I. A Condensing Monochromator for X-Rays [J] . Nature, 1937, 139, 193

[38] Johann HH. Die Erzeugung Lichtstarker Röntgenspektren mit Hilfe von Konkavkristallen [J] . Physikalische Zeitschrift, 1931, 69, 185

[39] Bonse U, Hart M. Tailless X-Ray Single Crystal Reflection Curves Obtained by Multiple Reflection [J] . Applied Physics Letter, 1965, 7, 238

[40] Kirkpatrick P, Baez AV. Formation of Optical Images by X-Rays [J] . Journal of the Optical Society of America A, 1948, 38, 766

[41] Cosslett VE, Engstrom A, Pattee, HH. X-Ray Microscopy [M] . Cambridge: Academic Press, 1957

[42] Kumakhov, MA, Komarov FF. Multiple Reflection from Surface X-Ray Optics [J] . Physics Reports-review Section of Physics Letters, 1990, 191, 289

[43] Khazins DM, Becker BL, Diawara Y, et al. A Parallel-Plate Resistive-Anode Gaseous Detector for X-Ray Imaging [J] . IEEE Transactions on Nuclear Science, 2004, 51, 943

[44] He T, Durst RD, Becker BL, et al. A Large Area X-Ray Imager with Online Linearization and Noise Suppression [J] . Hard X-Ray, Gamma-Ray, and Neutron Detector Physics XIII. SPIE, 2011, 8142, 384

[45] Rietveld HM. A Profile Refinement Method for Nuclear and Magnetic Structures [J] . Journal of Applied Crystallography, 1969, 2, 65

[46] Als-Nielsen N, McMorrow D. Elements of Modern X-ray Physics [M] . New York: Wiley, 2011

［47］Cowley JM. Electron Diffraction Techniques，Vol 1 ［M］. New York：Oxford University Press，1992

［48］Egami T. Billinge SJL，Underneath the Bragg Peaks：Structural Analysis of Complex Material ［M］. London：Pergamon Press，2012

［49］Guinier A. X-ray Diffraction. In Crystals，Imperfect Crystals，and Amorphous Bodies ［M］. New York：Courier Corporation，1994

［50］Chandler D. Introduction to Modern Statistical Mechanics ［M］. New York：Oxford University Press，1987

［51］Hansen JP，McDonald IR. Theory of Simple Liquids ［M］. Cambridge：Academic Press，2005

［52］Authier A. Dynamical Theory of X-Ray Diffraction ［M］. New York：Oxford University Press，2004

［53］Zolotoyabko E. Basic Concept of X-Ray Diffraction ［M］. New York：Wiley-VCH，2014

［54］Kittel C，McEuen P，McEuen P. Introduction to Solid State Physics ［M］. New York，Wiley，1996

［55］Allen CL，Rorert BV. General Structure Analysis System ［M］. California：Los Alamos national laboratory Report Laur，2004

［56］Young RA. The Rietveld Method ［M］. New York：Oxford University Press，1993

［57］Pawley GS，Mackenzie GA，Dietrich OW. Neutron Powder Diffraction and Constrained Refinement. The Structures of P-Dibromo and P-Diiodotetrafluorobenzene ［J］. Acta Crystallographica A，1977，33，142

［58］Wiles DB，Young RA. A New Computer Program for Rietveld Analysis of X-Ray Powder Diffraction Patterns ［J］. Journal of Applied Crystallography，1981，14，149

［59］Rodriguez CJ. Recent Advances in Magnetic Structure Determination by Neutron Powder Diffraction ［J］. Physica B，2003，192，55

［60］Lutterotti L，Matthies S，Wenk HR. MAUD（Material Analysis Using Diffraction）：A User-Friendly Java Program for Rietveld Texture Analysis and More ［J］. National Research Council of Canada，1999

［61］Dusek M，Petricek V，Wunschel M，et al. Refinement of Modulated Structures Against X-Ray Powder Diffraction Data with JANA2000 ［J］. Journal of Applied Crystallography，2001，34，398

[62] Wulf R. Experimental Distinction of Elements with Similar Atomic Number Using Anomalous Dispersion: An Application of Synchrotron Radiation in Crystal Structure Analysis [J]. Acta Crystallographica A, 1990, 46, 681

[63] Dinnebier RE, Simon JLB. Powder Diffraction: Theory and Practice [M]. London: Royal society of chemistry, 2008

[64] Howard CJ. The Approximation of Asymmetric Neutron Powder Diffraction Peaks by Sums of Gaussians [J]. Journal of Applied Crystallography, 1982, 15, 615

[65] Finger LW, Cox DE, Jephcoat AP. A Correction for Powder Diffraction Peak Asymmetry Due to Axial Divergence [J]. Journal of Applied Crystallography, 1994, 27, 892.

[66] March A. Mathematische Theorie der Regelung nach der Korngestah bei affiner Deformation, Zeitschrift für Kristallographie-Crystalline Materials, 1932, 81, 285.

[67] Dollase WA. Correction of Intensities for Preferred Orientation in Powder Diffractometry: Application of the March Model [J]. Journal of Applied Crystallography, 1986, 19, 267.

[68] Bowman KJ, Mendendorp MN. Texture Measurement of Sintered Alumina Using the March - Dollase Function [J]. Advances in X-ray analysis, 1993, 37, 473

[69] Brosnan KH, Messing GL, Meyer JRJ, et al. Texture Measurements in <001> Fiber-Oriented PMN-PT [J] Journal of the American Ceramic Society, 2006, 89, 1965

[70] Langford JI, Louër D, Sonnerveld EJ. Applications of Total Pattern Fitting to a Study of Crystallite Size and Strain in Zinc Oxide Powder [J]. Powder Diffraction, 1986, 1, 211

[71] Sparks CJ, Kumar R, Specht ED, et al. Effect of Powder Sample Granularity on Fluorescent Intensity and on Thermal Parameters in X-Ray Diffraction Rietveld Analysis [J]. Advances in X-ray Analyses, 1992, 35, 57

[72] Suortti P. Effect of Porosity and Surface Roughness on the X-Ray Intensity Reflected from A Powder Specimen [J]. Journal of Applied Crystallography, 1972, 5, 325

[73] Pitschke W, Hermann H, Mattern N. The Influence of Surface Roughness on Diffracted X-Ray Intensities in Bragg-Brentano Geometry and its Effect on the Structure Determination by Means of Rietveld Analysis [J]. Powder Diffraction, 1993, 8, 74

[74] Wilson AJC. Mathematical Theory of X-ray Powder Diffractometry [M]. Eindhoven: Philips Technical Library, 1963

[75] Matulis CE, Taylor JC. A Theoretical Model for the Correction of Intensity Aberrations in

Bragg-Brentano X-Ray Diffractometers – Detailed Description of the Algorithm [J] . Journal of Applied Crystallography, 1993, 26, 351.

[76] Richardson JJW. Background Modelling in Rietveld Analysis [M] . Illinois: Argonne National Lab. , IL (United States), 1989

[77] Brükner S. Estimation of the Background in Powder Diffraction Patterns through A Robust Smoothing Procedure [J] . Journal of Applied Crystallography, 2000, 33, 977

[78] Riello P, Fagherazzi G, Clemente D, et al. X-Ray Rietveld Analysis with A Physically Based Background [J] . Journal of Applied Crystallography, 1995, 28, 115

[79] Riello P, Fagherazzi G, Canton P. Scale Factor in Powder Diffraction [J] . Acta Crystallographica A, 1998, 54, 219

[80] Ruland W. X-Ray Determination of Crystallinity and Diffuse Disorder Scattering [J] . Acta Crystallographica, 1961, 14, 1180.

[81] Chateigner D. Combined Analysis [M] . New York: Wiley, 2013

[82] Suescun L. International Tables for Crystallography, Volume H, Powder Diffraction [M] . New York: Wiley, 2019

[83] Langford JIL, Wilson AJC. Scherrer after Sixty Years: A Survey and Some New Results in The Determination of Crystallite Size [J] . Journal of Applied Crystallography 1978, 11, 102

[84] Debye P, Scherrer P. Interference on Inordinate Orientated Particles in X-Ray Light III [J] . Physikalische Zeitschrift, 1917, 18, 291

[85] Syvitski, JP. Principles, Methods, and Application of Particle Size Analysis [M] . Cambridge: Cambridge University Press, 1991

[86] Kim A, Ng W B, Bernt W, et al. Validation of Size Estimation of Nanoparticle Tracking Analysis on Polydisperse Macromolecule Assembly [J] . Scientific Reports, 2019, 9, 1

[87] Hussain R, Noyan MA, Woyessa G, et al. An Ultra-Compact Particle Size Analyzer Using A CMOS Image Sensor and Machine Learning [J] . Light: Science & Applications, 2020, 9 (1): 1-11.

[88] Etzler FM, Deanne R. Particle Size Analysis: A Comparison of Various Methods II [J] . Particle & Particle Systems Characterization, 1997, 14, 278.

[89] Savage JR, Blaira DW, Leviine, AJ, et al. Imaging the Sublimation Dynamics of Colloidal Crystallites [J] . Science, 2006, 314, 795

［90］ Li TT，Guo CL，Sun B，et al. Well-Shaped Mn3O4 Tetragonal Bipyramids with Good Performance for Lithium-Ion Batteries ［J］. Journal of Materials Chemistry A，2015，3，7248

［91］ Guo CL，Yin MS，Li T，T et al. Highly Stable Gully-Network Co3O4 Nanowire Arrays as Battery-Type Electrode for Outstanding Supercapacitor Performance ［J］. Frontiers in Chemistry，2018，6，636

［92］ Cui SX，Li TT，Guo CL，et al. Synthesis of Mesoporous Co3O4/NiCo2O4 Nanorods and Their Electrochemical Study ［J］. Journal of nanoscience and nanotechnology，2019，19，47

［93］ Stockes AR，Wilson AJC. A Method of Calculating the Integral Breadths of Debye-Scherrer Lines ［J］. Mathematical Proceedings of the Cambridge Philosophical Society，1942，38，313

［94］ Balić Ž T，Dohrup J. Use of an Ellipsoid Model for The Determination of Average Crystallite Shape and Size in Polycrystalline Samples ［J］. Powder Diffraction，1999，14，203

［95］ Wilson AJC. X-Ray Optics ［J］. American Journal of Physics，1963，31，893-893.

［96］ Järvinen M，Merisalo M，Pesonen A，et al. Correction of Integrated X-Ray Intensities for Preferred Orientation in Cubic Powders ［J］. Journal of Applied Crystallography，1970，3，313

［97］ Zolotoyabko E. Determination of The Degree of Preferred Orientation Within the March – Dollase Approach ［J］. Journal of applied Crystallography，2009，42，513

［98］ 周珮玉，李涛涛，王辉等. Au@TiO2 纳米管阵列的制备及光催化性能 ［J］. 化工进展，2019，38，8

［99］ Li WY，Zhang WG，Li TT，et al. An Important Factor Affecting the Supercapacitive Properties of Hydrogenated TiO2 Nanotube Arrays：Crystal Structure ［J］. Nanoscale research letters，2019，14，1

［100］ Li TT，Dang N，Zhang WG，et al. Determining the Degree Of ［001］ Preferred Growth of Ni（OH）2 Nanoplates ［J］. Nanomaterials，2018，8，991

［101］ Mao YQ，Li TT，Guo CL，et al. Cycling Stability of Ultrafine B-Ni（OH）2 Nanosheets for High-Capacity Energy Storage Device Via a Multilayer Nickel Foam Electrode ［J］. Electrochimica Acta，2016，211，44

［102］ Shi MJ，Cui MW，Li TT，et al. Porous Ni3（NO3）2（OH）4 Nano-Sheets for Supercapacitors：Facile Synthesis and Excellent Rate Performance at High Mass Loadings［J］. Applied Surface Science，2018，427，678

［103］Du YF，Xin ZZ，Li GD，et al. Facile Synthesis of Stacked Ni（OH）2 Hexagonal Nanoplates in a Large Scale［J］. Crystals，2021，11，1407

［104］Bunge HJ. Texture Analysis in Materials Science. Mathematical Methods［M］. Berlin：Akademie-Verlag Berlin，1969

［105］黄继武，李周. X 射线衍射理论与实践［M］. 北京：化学工业出版社，2021

［106］毛卫民，杨平，陈冷. 材料织构分析原理与检测技术［M］. 北京：冶金工业出版社，2008

［107］Li TT，Ma SJ，Feng SX，et al. Effects of FeNiN Phases on the Corrosion Behavior in 2205 Duplex Steels［J］. International Journal of Modern Physics B，2022，36，2240031

［108］Järvinen M. Application of Symmetrized Harmonics Expansion to Correction of The Preferred Orientation Effect［J］. Journal of Applied Crystallography，1993，26，525

［109］Prince E. International Tables for Crystallography Volume C：Mathematical，Physical and Chemical Tables［M］. Amsterdam：Kluwer Academic Publishers，2004

［110］Roe R. Description of Crystallite Orientation in Polycrystalline Materials. III. General Solution to Pole Figure Inversion［J］. Journal of Applied Physics，1965，36，2024

［111］Sitepu H. Assessment of Preferred Orientation with Neutron Powder Diffraction Data ［J］. Journal of applied crystallography，2002，35，274

［112］Engler O，Randle V. Introduction to Texture Analysis：Macrotexture，Microtexture，and Orientation Mapping［M］. Roca Baton：CRC Press，2010

［113］Vahvaselkä A. Direct Analysis of Nuclear Distributional Moments in Zinc［J］. Acta Crystallographica Section A，1980，36，1050

［114］Li TT，Dang N，Liang W，et al. TEM Observation of General Growth Behavior for Silver Electroplating on Copper Rod［J］. Applied Surface Science，2018，451，148

［115］Li TT，Dang N，Liang W，et al. Characterization of Preferred Orientation of Silver Film on Copper Substrates by X-Ray Diffraction［J］. Materials research express，2019，6，016414

［116］Hu CJ，Gao YB，Li TT，et al. TEM Observation of Two-Dimensional Growth of Lamellar Gold Electroplated on Copper Wires［J］. Materials Research Express，2020，6，126462.

［117］李涛涛，刘艳莲，于瑞恩．烟酸电镀体系中电流密度对银镀层织构及表面形貌的影响研究［J］．数字印刷，2022，1，105

［118］李涛涛，张王刚，成生伟等．500℃淬火处理对 0Cr25Al5 不锈钢 α′相析出行为的影响［J］．热加工工艺，2022，51，4

［119］李军舰，冯俊强，周鹏文等．Nd 对铸态 Mg-9Gd-0.5Zr 合金组织与力学性能的影响［J］．热加工工艺，2021，050，024

［120］Zuo D，Li TT，Liang W，et al. Microstructures and Mechanical Behavior of Magnesium Processed by ECAP at Ice-Water Temperature［J］. Journal of Physics D-Applied Physics，2018，51，185302